チーズ伝統国のチーズな人々

フランスとチーズ交流30年

本間るみ子

旭屋出版

目次

はじめに

1986年にチーズの輸入販売会社「フェルミエ」を始めて今年、30年になります。「フェルミエ Fermier」とは、フランス語で「農家製」という意味です。自ら動物を飼って乳を搾り、チーズをつくる農家の存在を大事に思う気持ちから名づけました。つまり、それは一つ一つ、「つくり手が見えるチーズ」を扱いたいということでもあります。

私は子どものころからチーズが大好きでしたが、本物のチーズの洗礼を受けたのは1970年代に1年間過したアメリカでした。アイスクリームにヨーグルト、クリームチーズにグラタンやピッツァ。乳製品がふんだんにある食生活はそれまでに経験のないことで、その美味しさ、豊かさには羨望の気持ちをいだきました。

帰国して、チーズ専門商社「チェスコ」に入社。時代は高度成長期。日本でもピッツァチェーンやチーズケーキが注目を集め始めましたが、当時のチーズといえばそういった加工が目的のシュレッドタイプが主流で、ときにカマンベールといってもデンマーク産の缶詰が用意される、そんな時代でした。それでもときに、高級スーパーやホテルからの要望で少量ながらフランスから空輸便でチーズが届くこともありました。

当時のチェスコの社長は、チーズ博士と言われていた松平博雄氏です。社長秘書兼輸入業務を担当していた私は、氏がヨーロッパ旅行から帰国すると、スライドの整理係を仰せつかります。同時に、羊乳製のロックフォールが現代でも洞窟で熟成されていることや、カマンベールの故郷はフランスのカマンベール村で、それは今も実存する、などと聞かされたときの驚きといったらありません。いつか訪ねてみたい。このときから、私の好奇心がむらむらとこみ上げ始めたのです。

１９７９年、『ラルース・チーズ辞典』（ロベール・クルチーヌ著、松木脩司訳）が三洋出版貿易より出版されました。フランスのチーズの豊富さに驚き、ついにヨーロッパの旅を決意。１９８１年に退社して１カ月半、放浪の旅に出ました。その後も渡欧しますが、当時の情報量では的確にチーズの産地にたどり着けることもなく、不完全燃焼のままでした。

いったんチーズは諦めたものの、レストランを評論する『グルマン　東京フランス料理店ガイド１９８４』（山本益博、見田盛夫著　新潮社刊）に出会ったのが運命の分かれ道。フランス修行帰りの熱血シェフたちの話も私を奮い立たせました。日本にこんなにもフランスレストランが多いのなら、チーズの需要があるに違いない。会社は立ち上げたものの、もっと本格的なチーズでなければ、もっと勉強しなければ…。

そんななか、輸出業務を引き受けてくれるクリスチャンと出会ったこと、そしてその彼が私の行きたいところに案内しようと努力してくれる人だったことも感謝しなければなりません。まもなく好奇心いっぱいで積極的な妹に引っ張られるシャイで気弱な兄のような関係が定着。でも人のよいクリスチャンは生産者からも人望が厚く、訪ねた先々では必ず食事に誘われて食卓を囲みます。おかげで言葉は分からなくても私まで一緒に打ち解けられ、フェイス　トゥー　フェイスの関係ができていったのです。

一方、私は私で偶数年にパリで開催される「サロン・デュ・フロマージュ」に顔を出すうちにたくさんの生産者と親交を重ね、「今度はいつくるの？」と誘われたりするようにもなりました。１９９５年から始めたチーズ産地を訪ねる旅では、日本のチーズファンを連れて行くことで歓待されました。私たちを喜ばせようとルーシュを使ってカードを型に入れる体験させてくれたり、カビの振り掛け作業をさせてくれたり。大事な作業に招き入れてくださる厚意は、ただフランスチーズファンを増やすだけでなく、人と人の信頼関係をいっそう豊かに、あつくしてくれたと思います。

フランスに通うようになって30年。かつては第一線にいた人が、引退して子どもたちにバトンタッチしたり、会社を売却したり。チーズを前に、人生の坂を上ったり下ったりするなかには、たくさんの笑いもありましたが、涙無しには聞けないこともありました。

チーズを紹介する本は何冊も書いてきました。でもこの本は、チーズを通して出会った人情味溢れる人たち、チーズ伝統国のチーズな人たちの物語を紹介していきます。

本書に出てくる「AOC」と「AOP」表記について

❈ AOCについて

フランスでは、その土地固有の特性を備えて作り上げられた農産物の品質を国が保証する制度があります。これをアペラシオン・ドリジーヌ・コントロレ（仏：Appellation d'Origine Contrôlée, 略してAOC）といい、日本語では「原産地統制呼称」または「原産地呼称統制」と訳されます。AOCに認定された農産物は常にその基準を遵守して作られ、販売においてはラベルや製品そのものに証印がつけられます。日本でも知られる製品としてはチーズのほかにワイン、バター、オリーブ、胡桃などがあります。

この制度は偽物対策にも有効で、違法行為はフランスの国立原産地・品質研究所（INAO）が管理しています。

❈ AOCからAOPに

EU統合にともない、各国にあった同様の「保護制度」を統合し、EU統一マークのデザインが決められました。ここでは「統制」ではなく「保護」を目的としているため「原産地呼称保護」となり、マークの中には各国語がきざまれました。略称は英語ではPDO、イタリア、スペイン、ポルトガル語ではDOP、フランス語ではアペラシオン・ドリジーヌ・プロテジェ（仏：Appellation d'Origine Protégée, 略してAOP）です。フランスの場合、それまでのAOCがAOPへと完全に移行したのは他国より遅く、2009年4月末日でした。現在のマークは以下のとおりです。

しかし、AOCがすべてAOPになったわけではなく、また、フランス国内でまずAOCを取らなければAOPへの昇格はできません。本書の中でAOCとAOPが混在しているように見えるのはこのような事情のためなのです。

左がAOC、
右がAOPの認定マーク

チーズに親しんで、仕事にして
楽しく笑って、ときに泣いて。
チーズを前に、人生の坂を上ったり下ったり。
故郷を愛し、地元の産物を誇る。
チーズ伝統国に通ううち、チーズな人々と
たくさんの出会いがありました。

Paris

パリ
すべての出会いはここから

フランスの中央北寄りに位置するパリ市の面積は、山手線の内側ほど。私とフランスチーズの、そしてチーズな人々とのご縁はここから始まりました。

フランス中のチーズはパリ郊外のランジス市場に集まり、仲買人は情報通です。街角には、チーズ専門店が八百屋や肉屋と同じように並び、したがってマルシェ（市《いち》）にもチーズ専門店は必ず並んでいます。

冬には毎年、大農業祭が開かれ、人だけでなく本物の牛や山羊、羊、豚の数も相当数、集います。

30年間通い、今なお私はここで人と出会っています。

この章で触れている
パリのチーズ屋さん

A　キャトルオム（本店）

B　ロラン・デュボワ（本店）

C　マルティン・デュボワ（本店）

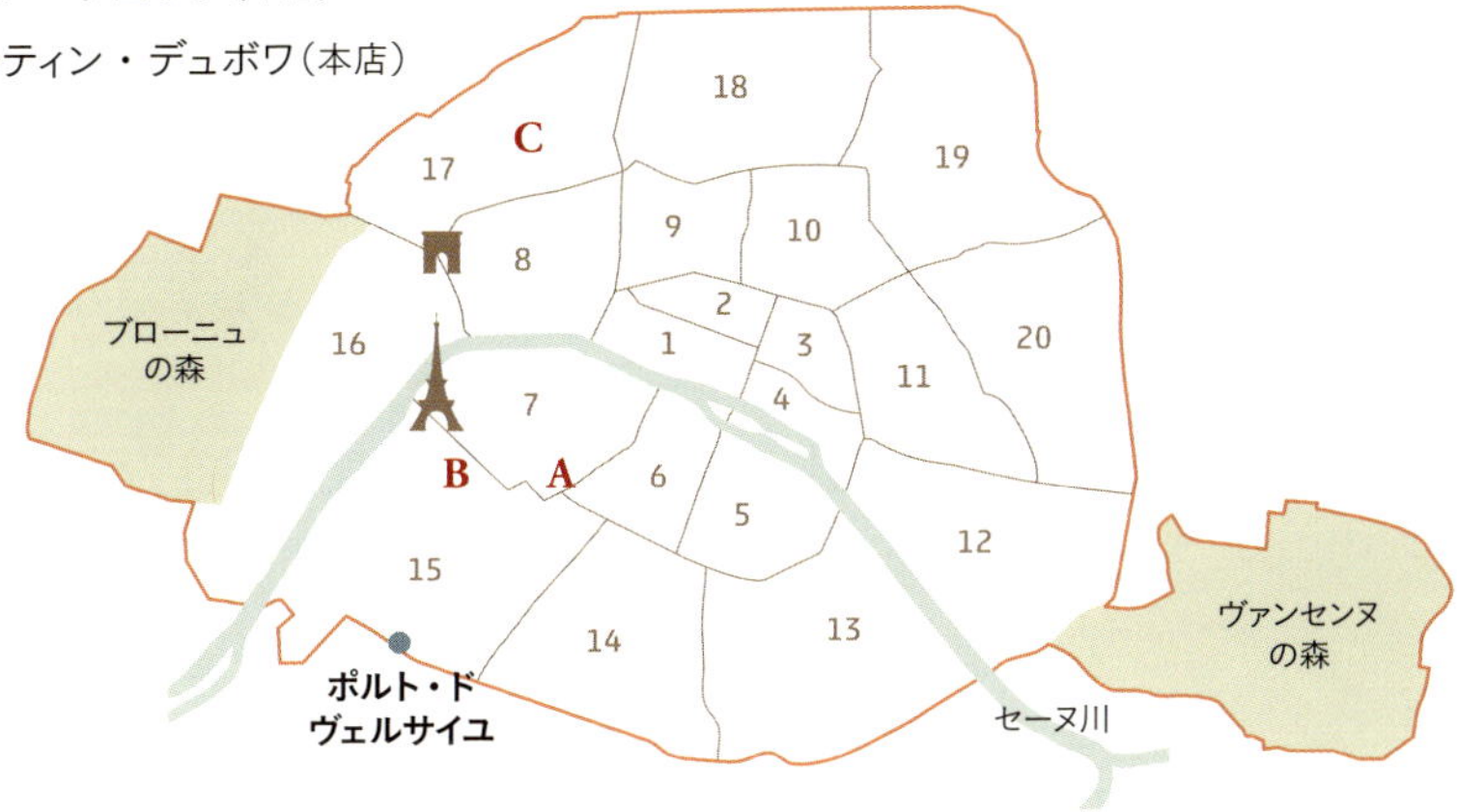

フランスチーズの案内人

Christian《クリスチャン》 Le《ル》 Gall《ガル》

チーズの世界は、私がかかわってきた40年の間にずいぶん変わりました。最も変わったと思うのが通信手段です。私が貿易ビジネスにかかわりはじめた頃は、海外への発注は経済効率とスピードからテレックスが主流でした。それがファックスが登場し、今ではメール。これで最も変わったのは情報伝達の量と速さ、そして人と人の距離です。コミュニケーションのしやすさと言い換えてもよいかもしれません。

今のチーズビジネスを30年支えてくれたのは、パリで知り合ったクリスチャン・ルガル氏です。ここから、私のチーズな人々との出会いが加速したような気がします。

1986年3月。私は青山の一角にチーズ専門店『フェルミエ』をオープンさせました。当時、仕入れに協力してくれていたのがパリのレストランで働いていた日本人、栗原平さんです。たまたま日本に帰っているときに相談したら「いい商品を扱っているところがある」とご自身が仕入れている乳製品の卸業者を紹介してくださったのです。ところがその業者は海外輸送が初めてだったため、届いたチーズがつぶれていたり、積み方が間違っていたりとトラブル続き。通信手段はテレックスしかない時代ですからこちらからのクレームもうまく届かない。それでも届くチーズは素晴らしく、

パリ郊外にあるランジス市場（外観、内観）

日経新聞に取り上げられたり、海外で修行してきたシェフたちに喜ばれたりと日本では大いに評価されていたので、将来のことを考えて真剣に輸出業者を探さなければとその年の10月、パリ最大の見本市、SIAL《シアル》にでかけました。

ところがそんなところに東洋の若い女の子が一人でやってきても、誰も相手にしてくれません。途方にくれていたら、それまで日本に送ってくれていた業者の方が「うちじゃ今以上のことは難しいけど、ここに行って話をしてみたら？　僕から言っておくから」と紹介してくれたのがZ.ランクット社でした。

Z.ランクット社は、パリ郊外のフランス最大の市場ランジスの中にありました。初めて足を踏み入れるランジスは、巨大な体育館のような建物が何棟も建ち並んでいて、私の不安は一気に強まります。目的の事務所になんとかたどり着いたものの、紹介されたZ.ランクット社社長のクリスチャンは不在。でも話は通っていたため、事務方と話がつき、取引は順調にスタートできることになりました。

初めてクリスチャンに会ったのは、それから1年後のことです。空港まで出迎えてくれ、英語でコミュニケーションができる彼の話しぶりから、誠実な人柄が感じられました。ランジスの中をじっくり案内してくれたり一緒に食事をしたりするうちに、飾り気のない人柄に加え、もともと彼はそれまで経験こそなかったものの、海外ビジネスにとても興味を持っていたところにフェルミエの話が来た、ということも分かってきました。

クリスチャンの新しい会社、チーズの輸出専門「フロムヨーロッパ」のスタッフたちと（右端がクリスチャン）

現在のクリスチャン

知り合ったころのクリスチャン
（1989年、オーヴェルニュの工場で）

Z.ランクット社の初代社長は、クリスチャンのおばあちゃん、ゼリア・ランクットさんです。創業は1933年ですから市場がランジスに移転してくる前の旧市場レ・アールが創業の地。ランジスに移り、孫のクリスチャンに経営を譲る1982年まで「生産者と顧客の利益は万難を排して守る」という信念で、毅然と働いていた厳しい女性だったそうです。

そんな働き者のおばあちゃんのところに子どものころからよく遊びに行っていたクリスチャンは、大学を出て一度は会社員になったものの、結局、この、日々が変化に富んで楽しい祖母の仕事を継ぎました。

それにしても社会の変化は激しく、EUが統合されて共通通貨が導入されたり、チーズの産地を保護するEU共通マークが生まれると、少し遅れてフランスも自国で作り上げてきたAOCの表示をEU共通のAOPに変えるなど、EUの動きからはいつも目が離せません。そんな情報を言語で確認してもらえるのも、クリスチャンの存在があればこそでした。

一方、21世紀になって間もなく、彼自身にも変化がありました。Z.ランクット社を売却し、新しく得意分野の輸出に特化したフロムヨーロッパという会社を設立したのです。オフィスはランジスの外ではありますが、すぐ近く。輸出するためのチーズは生産者からダイレクトに集めたり、ランジス市場から集めたりと臨機応変な動きをしています。社員はクリスチャンを含めて3人と小規模ですが、話をしてみるとそれそれに仕事のボリュームと責任が大きいことにやりがいを感じているようです。

チーズの産地めぐりにハマった！

実はクリスチャンと出会う前後、私はフランス人が苦手で、何かといえばイタリアに逃げていました。するとクリスチャンが「なぜイタリアばかり行くの？ フランスにもいいところはいっぱいあるよ。行きたいところはないの？ 連れてくよ」と言ってくれたのです。

ならば、とプライベート旅行を始めたのが１９８８年です。仕事の都合をあわせて同行してくれる語学が堪能な日本人の友人を交えて３人、ノルマンディーはもちろんロワールやオーヴェルニュへと積極的に出向くようになりました。

こんな旅を始めて一番ハマったのは、なんとクリスチャン。それまでビジネスだけでチーズの故郷を回る旅などしていなかったのが、行ってみると面白く、生産者とのご縁もできて自分のビジネスにもプラス、と分かったようなのです。さらに、私がどんどん質問したり感動したりしている姿を見て、自分の国に誇りを感じた様子です。

90年代になって私が日本のチーズファンたちと一緒にツアーを組むようになってからも、フランス国内のコンタクトはクリスチャンがとってくれ、宿泊先、レストランなどのアドバイスもくれます。さらにありがたいのは、彼は時間の許す限り１日でも私たちの旅先に駆けつけてくれることです。フランス南東部アヴェロン県のロックフ

産地を訪ねる旅を始めたころ
（1989年）

ォール村に2泊3日だけ合流、またあるときはスイスまで車で片道6時間以上の距離を飛ばして1泊2日の合流といったこともありました。

自分の紹介した先だから、義理を感じて？　などと最初は思っていましたが、今では彼自身も産地や生産者に興味があり、また、日本からわざわざ訪ねてくれたチーズの客に対して、誠意を示そうとしているのだとわかりました。

今、当社フェルミエで扱うチーズはフランス産に加えてスイス産、英国産、ベルギー産まですべてクリスチャン経由で輸入しています。彼もまた、毎年のように当社の周年パーティーに来日してくれるようになり、会社のスタッフと親交を温めています。名前に「チャン」がつくせいもあって、もうみんな、呼び捨てです。

クリスチャンは今、英語力を生かしてアメリカやデンマークなどとの取引もしています。年月と共に体形だけはどんどん大きくなっていきましたが、星つきレストランにも高級ワインにもブランドにもこだわらない素朴な人柄は相変わらずです。

私は彼という水先案内人が居たおかげでフランスチーズの世界が広がり、生産者たちと深くつながることができました。もっといえば、私の探検のような旅の協力者になってくれたからこそ、日本にたくさんのことを伝えることもできました。チーズの国、チーズの人を語るうえで、クリスチャンは不可欠の人なのです。

チーズ商にもＭＯＦが誕生

ところで、フランスには、フランス文化の高度な技術を継承する職人に対して国家最優秀職人章（Meilleur Ouvrier de France＝ＭＯＦ）という称号を授与する制度があります。対象は工芸品、宝飾品、理容、ガーデニングなど多岐にわたり、食べ物の部門では料理はもとより製菓、製パンなどがあります。各分野とも数年に1度、技術試験がコンクールの形で行われ、合格者は1～数名という狭き門。合格者にはフランス大統領官邸のエリゼ宮でメダルが授与され、トリコロールカラーを施したユニホームの着用が認められるようになるため、ＭＯＦを受章することは職人にとって最大の名誉とされています。人によっては日本の人間国宝に値するとも言います。

そんなＭＯＦにチーズ商の部門ができたのは２０００年のことです。背景には20世紀後半から高級スーパーにチーズの対面販売コーナーができ、町場のチーズ専門店の生き残りが難しくなってきたことがあげられます。つまり、町の専門店のチーズに付加価値をつけていくには、チーズを最高に美味しい状態で提供できるよう熟成の技術や、プラトー作りの味覚や芸術的センスが必要であり、それらを持った人はただの売り子ではなくプロの職人である、と国に認めさせたのです。

チーズ界の話題をさらった第1回目の2000年の合格者は4名。続いて2003年が6名、2007年は6名、2011年4名、2015年2名となっています。

パリを歩けば、チーズ屋さんに出会う

フランスはチーズの国です。首都パリにはフランス全土から選りすぐりのチーズが集まるので「パリを歩けばチーズ屋にあたる」というくらい、専門店をはじめ大型店の中でもチーズ売り場は充実しています。

30年前、それまでの日本ではナチュラルチーズ専門店の例がなかったため、フェルミエのお手本はパリのチーズ専門店でした。特に最初の10年は言葉もろくに分からないままお店に足を運んでは、チーズが裸で並んでいることに衝撃を受けたり、次々とやってくるフランス人客が大きな塊で買っていく豪快さに唖然としたものです。

とりわけわざわざ包装をはずして、作り手のラベルもついていない裸のチーズを陳列することには驚きましたが、チーズ専門店では仕入れ後、ラッピングをとって自店の地下のカーヴで熟成させ、最高の食べごろにして店頭に並べるのが普通だと知って、そのカーヴを見せてもらいながらたくさんのことを教えていただきました。

こうしてパリのチーズ屋さん巡りをして10年を過ぎたころ、こんなにたくさん

チーズ専門店があるのならと『パリのチーズ屋さん』（1999年　旭屋出版刊）という本を日本で出版しました。人気のチーズショップ、パリのマルシェ、チーズレストランを合計40軒ほど訪ね歩き、掲載しました。こうしたことをきっかけにインタビューさせてもらうことで、さらに開眼することが多かったのは言うまでもありません。

親しくお付き合いしたキャトルオムの躍進　Marie《マリー》 et《エ》 Alain《アラン》 Quatrehomme《キャトルオム》

パリのチーズ屋さんのなかでも、よく通ったのが7区のキャトルオムでした。かつてクリスチャンが家庭教師をしていたおかげで最初から親しくお話もでき、また私の常宿がお店に近かったこともあり、帰国前にいつもチーズをどっさりと買って帰るのを楽しみにしていました。

7区といえば裕福な家庭が多く商品にも厳しい目が向けられますが、キャトルオムは豊富な品揃えに、地下でほどよく熟成させたピカ一のチーズぞろいです。それでもお店は庶民的で明るく、日本人でも気持ちよく買い物が出来る雰囲気。一目見たときからすっかりファンになってしまいました。ご主人のアランさんは口数が少なく働き者で、奥様のマリーさんは店のバックヤードで毎日チーズプラトーを作っていました。あるときは、ロラン・ギャロス（全仏オープン）のためのプラトーを何十台と作っていたこともありました

ここで教えてもらって忘れられないチーズが二つあります。

7区のキャトルオム

2016年4月に来日したマリー＆アラン・
キャトルオム。元気そうでなにより

一つは、サン・マルスラン・アフィネ。トロトロに熟成させたサン・マルスランはまるでエポワスのような輝きです。1個100グラムサイズで通常ならフレッシュな状態でいただく小さなサン・マルスランを熟成（アフィネ）させて食べることを初めてここで教えていただきました。オリジナルはポール・ボギューズがひいきにするリヨンのマルシェのチーズ屋さんだということを知らずにいたころです。その後、そのリヨンの熟成サン・マルスランも食べましたが、やはりキャトルオムのサン・マルスラン・アフィネがこれまで食べた中で最高のものだと今も思っています。

そして、もう一つが熟成コンテです。当時フェルミエでもコンテを丸ごと輸入し始めていましたが、この店のコンテの美味しさは格別で、お土産用に買って帰るのが楽しみなチーズでした。

あるとき、アランがこの美味しいコンテはプティット社のものだと私に教え、一度そこのカーヴを訪ねるといい、と言ってくれました。そして、プティット社を訪ねたのが2000年。あれから15年、美味しいコンテをフェルミエが輸入できるようになったのはアランのおかげなのです。

一方、同じ年の2000年、新設されたチーズのMOFの第1回目に見事合格してMOFを受章したマリーは、これをきっかけにいきなりチーズ界のスター的な存在になっていくのです。それまで、チーズの世界は男性の世界でしたから、マリーがMOFを受章したことは大きな意味がありました。

南仏でチーズ商を営む
ミッシェル・デュボワ夫妻

ＭＯＦの受章はフランスチーズ界にとって大きなニュースであり、彼女はさまざまなメディアに取り上げられるようになりました。今まで気軽に遊びに行っていたお店ですが、マリーも外での仕事が忙しくなり、なかなか会えなくなってしまいました。さらに、気の毒なことに彼女は数年前に病で倒れ、現在リハビリ中と聞いていました。でも、先日会ったらすっかり良くなっているように見え、ほっとしました。人生、これからもいろいろなことがあるでしょうが、2人の子どもたちがしっかりと跡を継ぎ、支店も増え、家族で支えあっていることはすばらしいと思います。

親日派チーズ一族デュボワ家のお店

Laurent《ロラン》 Dubois《デュボワ》, Martine《マルティン》 Dubois《デュボワ》

ロラン・デュボワ氏は、２０００年のＭＯＦ受章者４人の中で最年少として注目を集めた男性です。彼は3代続くチーズ商一族の出身ですが、寡黙で、当時はなかなか近寄りがたい印象でした。

知り合ったのは彼のご両親との取引がきっかけでした。ラングドック・ルーションでチーズ熟成販売業を営む父親のミッシェル・デュボワ氏から、私はペラルドンやローヴ・デ・ガリーグを輸入して日本に紹介していたのです。１９９０年後半のこと、デュボワ夫妻に招かれて南仏を訪れると、ご自宅はプール付きの古い立派な家でした。ここに泊めていただきながら近くの農家を訪ねたり、お庭で食事をしたりと楽しい時を過ごさせていただいたご縁から、息子であるロランとも親しくさせていただくよう

15区で店を営むロラン・デュボワは、第1回MOF受章者。他に4区、5区にも店を展開しています

日本人スタッフの活躍でも定評があります

パリのチーズ屋さん

17区のマルティン・デュボワはプラトーの達人。ここで働く日本人は、元フェルミエ愛宕店店長の犬田ゆりさんです

パリの
チーズ屋
さん

になったのです。

ＭＯＦを受章すると、多方面から声がかかりますし、本人の欲も出てくるのが人間ですから輸出を始める人はけっこう多くいます。しかし、ロランはパリの15区をはじめ4区、5区にある自分の店の近隣の人たちを大切にしたいので海外への輸出は考えていないというのです。さらに通常チーズ屋さんはパンやワインなど副食材も扱うところが多いのですが、彼はチーズだけでビジネスをしています。店舗が狭いこともあるのかもしれませんが、それ以上に彼のこだわりなのだと思います。そんな彼の姿勢に、私は潔さを感じています。

彼の店で特筆したいのは、サン・ネクテールの美味しさです。初めて買ったときはあまりのことに唸ってしまったほど。もう一つ、今は残念ながら入荷がないようですが、ロー ヴ種の山羊乳で作ったという細長いフェセル（水切り籠）入りのフレッシュシェーヴルもすばらしく、この味は今も忘れられません。

さらに驚くのが、お店に日本人スタッフを積極的に採用していることです。キャリアに応じて販売や熟成を任せてもくれると、彼女らが嬉しそうに話していたのが印象的でした。

もう一人、デュボワ一族で有名なのがマルティン・デュボワさんです。彼女は南仏にいるミッシェルの弟、アラン・デュボワ氏の元奥様なので、ロランから言えば義理の叔母にあたります。なかなか厳しい女性としても知られているので、場合によって

マルティン・デュボワのプラトー

は怖がられているかもしれません。

それでも、彼女は最高のプラトーを作る人として評判が高く、店のディスプレイやこれまでの作品をネットで紹介するなど、この分野ではトップを走っているといっても良いでしょう。MOFこそ持っていませんが、プラトーコンクールの審査員として活躍しています。

また彼女には、フェルミエがパリで開催するチーズ学校のプラトーの授業でもお世話になっています。彼女の店で働く日本人の犬田ゆりさんは、元フェルミエ愛宕店店長でしたが、今ではすっかりマダムに気に入られ、彼女の期待を背負いながらプラトーを作っています。日本的なセンスのあるゆりのプラトーは、「ア・ラ・ジャポネーズ（日本風）」と名付けてもらったそうです。

こうして本場フランスで日本の感性が融合していくのも時代の流れ。日仏のチーズ交流の将来が楽しみになってしまいます。

フランスチーズを愛する人々の仲間入り

タスト・フロマージュ　Confrérie des Chevaliers du Taste-Fromage de France

フランスに本部があり、日本で最も知られている組織「タスト・フロマージュ（日本では「フランスチーズ鑑評騎士の会」と呼ばれています）」の設立は1954年です。日本支部のホームページによると「フランスの伝統的チーズの生産という遺産を護るために、また、その製造・販売に携る人たちを支援することを目的に、フランスで設立されました」とあります。さらにそのネットワークはフランス国内はもとより、EU諸国、ロシア、アフリカ、カナダ、ブラジル、アジア、オーストラリアなど世界に広がり、2004年までに延べ800回の叙任式が行われ、15000人の会員を擁する組織になりました。

会員には、チーズ専門職者をはじめチーズ愛好家や消費者、レストラン、ホテル関係者などさまざまな分野の人々を受け入れています。

そんなタスト・フロマージュの存在は話では知っていたものの、直接関わるようになったのは青山にフェルミエをオープンしてから足繁く通ってくれた、フランス人パティシエのアンドレ・ルコント氏がきっかけでした。彼は日本で初めてフランス菓子専門店を開いたスイーツ界の草分け的な存在です。

「君をタスト・フロマージュに推薦したからフランスに行かないか？」

とお誘いを受け、言われるがままにフランスまで行ったのは1988年4月のことでした。授賞式の会場となるモンタルジに出かけてみると、そこはパリから南に120キロメートルのルコント氏の生まれ故郷で、美しい運河が流れる町でした。

そのとき日本から参加した受賞者は私のほかにルコント氏と、北海道でハム・ソー

タスト・フロマージュの守護神（?）。
マント姿は、ピレネーの羊飼いの衣装がヒントです

セージを製造販売しているフランス人、ジャンルック・ラビオン氏の3人でした。農業祭のような野外の会場で、金色のテープが縫い込まれた緑色の大きなマントを羽織った役員からメダルをかけられたのは、私たちのほかに他国の人も加えて総勢20人ほど。この会員にはいくつかの階級があるのですが、私は初めてにもかかわらず一般的な「シュヴァリエ」という階級のひとつ上の「オフィシエ」をいきなりいただいてしまいました。状況がつかめないまま、その夜、素晴らしいホテルで開かれたソワレ（パーティー）に出席し、タスト・フロマージュってなんてかっこよくて素敵な会なんだろうと感動し、フランスチーズの普及に使命感を感じたものでした。

　その後、1991年には日本支部が発足します。私もその立ち上げから日本支部の理事となり、毎年11月に日本で開催される叙任式にも関わることとなりました。

　一方、フランスの叙任パーティーは毎年、パリで開かれる農業祭にあわせて行われるため、いつも農業祭に行く私は1995年ごろからこちらにも参加し、いつしかフランスのメンバーとも親しくつきあうようになりました。

　2003年にはさらに上級位の「グラン・オフィシエ」を受賞、さらに2004年のタスト・フロマージュ50周年記念パーティーでは「プロフェッショナル・アフィヌール（熟成士）」のディプロムをいただきました。この賞は女性では2人目という名誉ある賞で、永年、多種類のフランスチーズをセミナーやツアー、また書籍やメルマガなどメディアを使って広めたことなどを総合的に評価していただいたものでした。

私は彼らから受けた評価に大変感謝し、その後も現地の理事メンバーとは親しくつきあっていました。しかし、２００７年にはグラン・メートル（会長）のアンドレ・デュクー氏が逝去。１９７１年から32年間も会長職という要職で世界を飛び回り、チーズのファンを増やしてきた彼は92歳まで健康でチーズも楽しんでいたそうです。

彼は晩年の２００４年、会の50周年を機にそれまで理事として活躍していたクリスチャン・ルーム氏に会長職を譲っています。その後、ピエール・ルイ・バディア氏、そして２０１６年2月からはアントニーのマルシェの小売商エリック・ボワステ氏へとバトンがつながれました。

カリスマ性のあったアンドレ・デュクー氏のあと、数年ごとに会長交代が続いて今は試練のときですが、日本支部の活動が活発であることは救いです。

ギルド・デ・フロマジェ

Guilde Internationale des Fromagers, Confrérie de Saint-Uguzon

ギルドは１９６９年、ピエール・アンドルゥエ氏の提案によってチーズ業界を活性化させることを目的に、彼が同業者とともに立ち上げた会です。

現在の会長はロラン・バルテルミー氏。彼はＭＯＦの制度化に尽力してチーズ商の地位を確立させたり、カゼウス・アワード、カゼウス・モンタニウスなどコンクールの開催を支援して世界のチーズ関係者をフランスに集めて交流を促進させたり、さら

ギルドの象徴は、聖ユギュゾンとよばれるチーズの守護聖人。もとはイタリア・ロンバルディアの羊飼い

には国の機関ＩＮＡＯともつながりと、精力的に仕事をこなす人物です。

もともとはパリでエリゼ宮御用達として知られるチーズ専門店「バルテルミー」のオーナーでしたが、現在はその所有権を元夫人に譲り、もっぱらギルド活動に専念しています。その結果、現在ギルドはタスト・フロマージュより活動範囲を広げ、彼は叙任式を執り行うために世界中を駆け巡っています。

実は少し前まで、ギルドの叙任式はフロマゴラ（全仏山羊乳製チーズコンクール）の会場などフランス国内のコンクール会場で開催されることが多かったような気がします。それも、華やかなタスト・フロマージュの緑色のマントと違い、茶色で重厚なマントを羽織ったギルドの集団は、フランスのチーズ業界人だけで「よそ者は受け付けない」と感じさせる、どこか閉鎖的なムードがありました。

ところがここのところロランとはフランス各地で、イタリアはブラで、と毎年数回どこかで必ず会うようになり、日本でもギルドをもっと普及したい、そのために協力してほしいと熱心にラブコールを送ってきます。

この会のメンバーになるには２人の推薦が必要で私はクリスチャン・ルガルとマリー・キャトルオムが推薦人（ペアレント）となってくださり２００１年に受賞しました。２０１３年にはギルドの格付けの最高位の「メートル・オノリス・カゼウス（名誉チーズマスター）」の称号をいただきましたが、ひょっとしたらこれはロランの日本進出のための戦略だったかもしれません。

叙任式は、マントを羽織った多くの役員と観客に見守られて行われます

タスト・フロマージュ

ソワレのチーズはいつも華やかです

ギルド・デ・フロマジェ。叙任式は厳かに、重厚な雰囲気です

叙任に当たっては、それぞれの功績をたたえます

今は、新しいパートナーとギルド活動に専念するロラン・バルテルミー氏

ギルド・デ・フロマジェ

ギルドの会のソワレで供されたプラトー

農業見本市の案内

今、この活動は世界のチーズ業界で活躍するメンバーを巻き込み、２０１５年現在６０００人が名を連ねると聞いています。２０１６年４月には日本でも叙任式が執り行われ、さらに10月にも来日の予定です。

フランス最大規模の農業見本市は、人にも動物にも会える場所

国際農業見本市（農業祭）　Salon International de l'Agriculture

毎年2月末から3月初旬にかけて開かれる農業見本市。この巨大なイベントがパリで開かれているというのは、日本の感覚ではすぐに理解できないかもしれません。

パリの南方、メトロ12号線ポルト・ド・ベルサイユ駅近くに設営される会場は東京ドーム10個分。パリにいながら農村が味わえる空間が出現します。野菜や果物だけでなく、フランス各地から集められた牛や山羊、羊、豚やウサギ、ロバ、馬、鶏などたくさんの家畜が一堂に会し、コンクールも開催されています。

フランスにはいろいろな見本市がありますが、これは農業大国フランスの奥深さが感じられる最も人気の高いイベントの一つだと言ってもよいでしょう。

農業関係者からするとこれはビジネスショーなのですが、一般人も入場料を払えばだれでも入れるため、９日間の会期中の入場者数は毎回数万人を記録し、年々海外か

農業祭の会場内は、いつも大人数であふれていますが、この中にも牛が何頭もいます

らの来場者も増えています。動物も様々な種類が寄せられるため、総数は千の単位、彼らの世話をする人も１０００人を数え、コンクールの審査員は３０００人以上といえば、その規模が想像できるでしょうか。

会場に入ると、日本では見たこともないようないろいろな種類の牛がゾーンごとにいたり、搾りたての牛乳を使ってシャレ(山小屋)風に作られたブースでチーズ製造の実演を見たり。牛好きにはたまりません。毎年スター牛がいるのも面白く、バスや地下鉄のポスター、入場券、ガイドブックやエコバックにまでその牛は登場するのですから、会場ではまるでアイドル扱いです。

このほかプロの料理人が試食つきのデモンストレーションをしたり、フランス各地のブースで買い物ができたりと、大人も子どもも楽しそうです。

コンクールは農作物、家畜、そしてチーズやワイン&アルコール類などの農業製品約20のカテゴリーで行われます。私は１９９７年から毎年ここでチーズコンクールの審査員を務めていますが、最近は輸出部門もできて国際色豊かです。そして年々変わっていく「商品」の方向性に触れられることは、とてもよい勉強になります。

サロン・デュ・フロマージュ　Salon du Fromage

一方、この農業祭会場の一角で2年に1度開かれているチーズサロンは、招待状がなければ入れないプロフェッショナル限定の商談エリアです。もともとはパリのチー

子どもも牛と触れ合えます

アボンダンスの工房でチーズを作っている日本人の山口潮久さんが、会場で子どもたちにプレゼンテーション

会場内のイートインコーナーでは、焼きたてのパンを出していたこともあります

会場内とは思えない本格的なラクレット

国際農業見本市

コンクール会場の様子

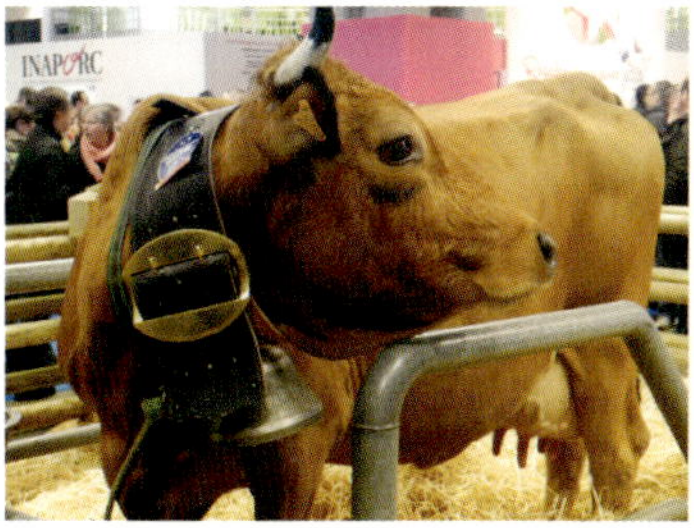

牛のコンクール
もあります

2年に1度のサロン・デュ・フロマージュ。ここでの出会いが、旅の出発点です

ズ商たちとフランス国内各地の生産者の商談室でしたが、今ではチーズ商も生産者もEU各国からやってくるようになりました。４日間の推定訪問者数は６０００〜７０００人。参加するのは大手ではなく中小生産者、関連機器メーカー、チーズ学校関係者などです。２０１６年で14回目を数えましたが、私が参加し始めた90年代はまだサロンの規模が小さく、そのころの日本人といえば私たちだけでした。でも２００６年ごろから海外組が増え、今では日本人の姿も目立つようになりました。

ところでこのサロンのいいところは、一つの商品だけで勝負する会社が多いことです。その大半は毎年行われるコンクールで必ずと言っていいほど賞を獲得している会社です。例えば、無殺菌乳製のカマンベールが激減する中、伝統を守り続けるレオ社、エポワスでは他の追随を許さないベルトー社、農家製ルブロションの熟成にかけては誇り高きパカール社、クロタン・ド・シャヴィニョルではロマン・デュボワ、ブリ・ド・モーならドンジェ社、コンテはプティット社とアルノー社の双璧など、どこも今もって親しくしているところばかり。あっちで、こっちで、と再会を喜び合う乾杯を重ねているとあっという間に時間が流れてしまいます。そして、「今度行くね」と再会を約束しては各地の旅の計画が始まる、というわけです。

このサロンに通うようになったのは、１９９１年から１９９５年まで一緒に仕事をしていた湯川廉子さんのおかげです。フェルミエを創業してすぐのころは渡仏も１年に１度がやっとだったものが、「もっと積極的に行動しなさい！」と私のお尻を叩いてくれたのが彼女だったのです。クリスチャンともあっという間に打ち解け、ともすると人のいいクリスチャンのお尻も叩いていました。

彼女はフランスに行くと得意のフランス語でどんどん人の集まるところに入って行って情報を集めたり、時に交渉して人の縁を結んでおいてくれたり。うっかりすると、私をコンクールの審査員に推しておいて自分はどこか遊びに行ってしまうこともありました。旅にもできる限り同行して通訳もしてくれるというチーズ探検の頼もしいパートナーでもありました。そんな彼女がそばに居てくれたからこそ、バスクやコルシカといった遠隔地にも勇気を出して飛んでいけたのです。

今思えば、１９９５年に始めた生産者を訪ねるツアーも、日本で廉子さんとの出会いがあり、このサロンでの出会いがあればこそ実現したのです。２０１５年には50回を越え、今でも着々とその回数を重ねています。

フランス各地のチーズな人々との親交は、２年に1度のこのサロンでの出会いから始まったといっても過言ではありません。

Ile-de-France, Champagne et Lorraine

イル・ド・フランス
シャンパーニュ&ロレーヌ
白カビチーズの源

パリから東へ高速道路を走ると、美しい耕地が広がります。日本でも有名な白カビチーズの故郷です。

大きな円盤形と洗練された味で世界に知られる「ブリ・ド・モー」、少し小ぶりでうま味が濃厚な通好みの「ブリ・ド・ムラン」、さらに多彩な顔を持つ「クロミエ」を加えて「ブリ3兄弟」と呼ばれてきました。それでも時代の流れとともに歩む道はそれぞれです。

さらに、南東に行ってシャンパーニュ地方南部からブルゴーニュ地方にさしかかるエリアでは、美しい白カビに包まれた「シャウルス」が作られています。

● ブリ・ド・モー
● ブリ・ド・ムラン
● クロミエ
● シャウルス
ラングル

（●はこの章で触れているチーズ）

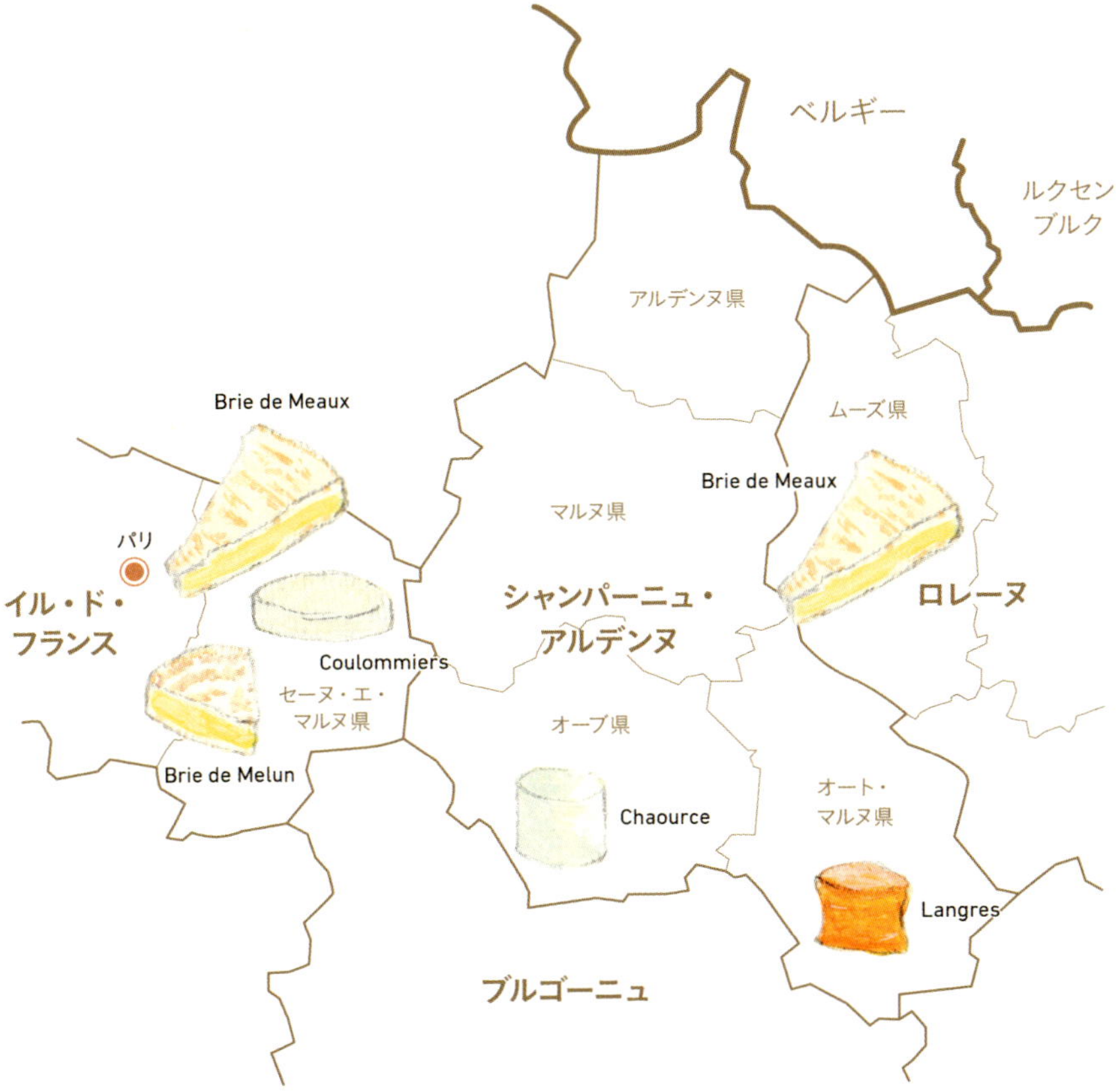

クリスマスの人気チーズ、ブリが消えた？

丸形に白カビのチーズといえばカマンベールが常識だった日本でも、今ではそれ以外の白カビチーズもたくさん知られるようになってきました。

チーズの周囲に生えた白カビは、チーズを外側から少しずつ熟成させ、軟らかくしていきます。ついに芯がなくなったところでナイフを入れると、つややかな輝きを見せながら中身がとろり。

このタイプのチーズ作りの源はこのあたり、イル・ド・フランスの東、セーヌ・エ・マルヌ県からシャンパーニュ地方だといわれています。その証拠に、この辺りの市《いち》では同様の仲間がたくさん見られます。

白カビタイプの大御所ブリの仲間を一同に見たければ、クロミエの街に立つ朝市へ行くといい。そう勧められて訪ねたのは1990年ごろだったと思います。街中を流れる小さな川、そこにかかる橋。しっとりとした趣の街は、パリからのドライブに程よい距離にあります。市には「3兄弟」と言われるモーもムランもクロミエも、それぞれ様々な熟成度合いでずらりと並んでいました。

この3兄弟の中で最も有名になったのは長男のブリ・ド・モーです。産地がパリに近く、都会の華やかな食卓に供されたおかげで、王室や実力者たちのエピソードをたくさん飾ってきました。

一方、１９８０年代後半、ランジス市場でチーズ商たちが語っていたのは、ブリの今日の美味しさは、20世紀はじめ、熟成販売業者のヌジェ氏とコレット氏による努力の結果なのだ、という話。そうか、ブリは熟成が決め手なんだ、と知って改めてあたりを見回すと、ランジスにはブリ専用の熟成庫というのがあり、棚にはわらが敷かれ、熟成士たちが１枚１枚取り出しては様子を確認して、裏返して、戻してと、世話をしていることに気がつきました。クリスマス前にはこの、ランジスのブリ・ド・モーがどんどん増えていきます。パリのクリスマス需要が上がるのです。この時期にランジスに行くと、程近い産地からモーが次々と都会に送りこまれてくる迫力が肌で感じられました。

しかし、そのランジスの賑わいも、１９９０年代半ばから、徐々に様子が変わってきました。ブリの熟成庫が姿を消し始めたのです。おそらく１９９２年にＥＣがＥＵになったことをきっかけに、商品の流通域が広くなっていったことが原因でしょう。衛生基準も変われば、生産も流通もそれまでのやり方のままではいかず、変わらざるを得なかったのだと思います。

コンクールでいつも金賞をとる
ドンジェ社のブリ・ド・モー

ひと足早く、パリを離れてブリづくり

Madeleine《マドレーヌ》 Dongé《ドンジェ》

では、それまでパリのランジスで熟成されていたブリ・ド・モーは、いったいどこへ行ったのでしょう。イル・ド・フランスのブリの街は、すでに近代化が進んだ都会ですからとてもチーズを製造するような環境にありません。聞けば、もっとたくさんの牛を飼える牧場があって、より大量の乳を集められるところ、すなわち、パリからもっと離れた地方の県に主たる産地は移ったというのです。今や、ブリ・ド・モーの指定産地の中でも東の端、ロレーヌ地方のムーズ県が最大の産地。パリから約２５０キロメートルのところです。

ムーズ県にある生産者でフランスのチーズ商たちに評判の高かったドンジェ社を初めて訪ねたのは２００１年のことでした。パリから車で３時間。高速をひた走り、起伏のほとんどない広い野原の続くシャンパーニュ地方を過ぎて、ロレーヌ地方北部に目指すアトリエはありました。

ドンジェ社は１９３０年創業。当時、創業者のエティエンヌ・ドンジェ氏はできたてのブリを馬車に載せてパリの当時の中央市場レ・アールに運んでいました。冷蔵庫はなかった時代ですから、輸送はもっぱら気温の低い夜中だったそうです。その後、

いつも試食兼朝食（?）を用意してくれます

平たいお椀のような道具でカードをすくって型入れしていきます。作業服にキャップにマスク…と思ったらなんと、ヒゲ用のカバーでした

左：アトリエを案内してくれたジャン・ミッシェル
右：経営は息子たちに任せたマドレーヌですが、私たちが行くと必ず出てきてくれます

今までのアトリエと、新しく建てた工場は、壁１枚でつながっています。
そろそろ微生物たちのお引越しは終ったでしょうか？

パリの人口増加に比例するようにブリの生産量は年々増加の一途。会社は家族経営でしたが、大量の乳を確保するために1956年、ついに移転を決意し、社運をかけてムーズ県にアトリエを完成させたのです。

ブリ・ド・モーの生産量がうなぎのぼりに増えてきたのは、1980年のAOC取得後、まもなくです。これを見ていたドンジェ社は、1984年から製造に加えて熟成まで自らの手で行うようになり、1989年にはクロミエの製造と熟成にも着手して、これも成功させ、今日があります。その実力といい、時代の先読み力といい、2代目のクロード・ドンジェ氏夫婦のがんばりが次の代の礎を築いたことは間違いありません。というのも1990年代半ばから2000年のころ、チーズ業界の再編成の波に飲み込まれて姿を消した小規模のアトリエは、一つや二つではなかったからです。

ところで、21世紀の今日まで大きな力を発揮してきたのは、ドンジェ社の3代目の妻、マドレーヌさんではないかと私はひそかに見ています。というのも、早朝にパリを出発して朝日を浴びながら私たちが到着すると、いつも笑顔で「お疲れさま」とコーヒーと軽い朝食で迎えてくれるのです。こんな素晴らしい心遣いをここかしこに見せられては、取引先が心をつかまれないはずはありません。

2002年からは3人いる息子のうちの2人に経営を任せていますが、私たちが行くときは必ずマドレーヌも駆けつけてくれます。2015年の早春に訪問したときにもマドレーヌは来てくれましたが、このとき先を立ってアトリエを案内をしてくれた

ムランの街は、美しいセーヌ川に面しています

のは長男のジャン・ミッシェル氏でした。

まずは乳質の検査。年間自社のラボで1万以上の検体を検査し、さらに社外のラボでも同様の検査をし、そのうえミルクを凝固させるバッチごとの検査も55項目に及びます。手作業中心のため、年中無休のアトリエには従業員45名が交代で勤務しているそうです。

さらに、この年の秋からは、重労働の従業員たちが少しでも働きやすいように配慮した新工場を稼動させると聞きました。自然光をうまく取り入れた設計で、会議室や休憩室も開放的でモダン。新工場は古いアトリエと壁一つしか隔てていないところに作られていて、完成したら壁を撤去するだけで今までのアトリエの微生物たちにも速やかに引っ越してきてもらうのだそう。発酵食品を作る繊細さを改めて感じました。

微生物たちのお引越しも落ち着いたころ、改めて新工場を訪ねたいと思っています。

ブリ・ド・ムランの世界を開く熟成士

JEAN《ジャン》-CLAUDE《クロード》 LOISEAU《ロワゾー》

1990年代、パリのランジスから姿を消したのはモーだけではありませんでした。同じようにわらの上に居たムランの姿もすっかり見なくなったのです。

そもそも私がムランに興味を持ったのは、ランジスで美味しいモーを探していたとき、近くで働いていた熟成士のリシャール・ルグラン氏が私にささやいたのがきっかけです。

「モーもいいけれど、うま味にかけてはムランだよ。通はこっちを選ぶんだよ」と。

ほら、食べてごらん、とモーやクロミエとともにムランを並べて試食させてくれます。コンクールで連続金賞受賞というベテラン熟成士が勧めるのですから、どれも上等な熟成具合。ですが、ムランに特別情熱をかけているリシャールさんのムランは、中身が濃い黄色で、うま味も驚くほど力強く、舌の上に余韻を残します。このムランの洗礼は当社の社員たちもパリ出張のたびに順次受け、わらの上で豪快にカットしては差し出されたムランの美味しさはフェルミエの共通認識になっていったのです。

しかし、まもなくしてわらは衛生的な樹脂に変わっていきました。そしてこのころからムランもランジスで見かけなくなりました。気がつくと、リシャールさんも引退。その後、ムランの行く末は熟成士でありブリ・ド・ムラン騎士団会長でもあるジャン・クロード・ロワゾーさんに引き継がれました。

ムランも世界的スターのモーと同様、ＡＯＣ認定チーズではありますが、課題は何より生産量の少なさでした。生産地域がパリに近いもののエリアとしては狭いこと、また、作るのに手間がかかるうえに熟成期間もモーより長く、そのうえ味わいが男性的となるとなかなか万人に向けてどんどん、とは行かないのでしょう。

しかし、そのまま手をこまねているわけにもいかないと、誕生の地ムラン市と騎士

右：力づよい味といわれるブリ・ド・ムラン
左：すっかり日本にもファンが定着した黒いブリ・ド・ムラン「ムラン・ノワール」

団は巻き返しのための策を練り、毎年のコンクールに加えて、１９９９年にムラン誕生１０００年祭を執り行いました。

このお祭りにぜひと、ロワゾーさんにご招待いただいた私は10月初旬の土曜日朝、市庁舎の前にいました。中世の衣装をまとった人々が集まり、ファンファーレが鳴り響き、カラフルなバルーンが空高く舞い上がります。市庁舎の中ではコンクールに続いて表彰式、さらに夕刻からは新会員の任命式。ここで仲間に入れていただいた私は、続くディナーでなんと、１０００年前の方式にならって手づかみ食べを経験することになったのです。

それから数年後、改めて熟成士ロワゾーさんのアトリエを訪ねました。このとき教えられたのが、夏に製造したものを湿度の高い部屋で５カ月以上も熟成させたムランの存在です。水分は飛び、外皮は厚くなって黒ずみ、中はハードチーズかと思うほどみっちりと詰まっています。そういえば、かつてクロミエで市のマダムに勧められたものの、でも絶対口に出来ないと後ずさりした「黒いブリ」がありました。

ロワゾーさんはこの黒ずんだ皮を除き、バターを塗ったバゲットにぐぐっと塗りつけたかと思うと、コーヒーにじゃばじゃばと浸して美味しそうに食べて見せます。やってみろ、という勧めにしたがってみると、これがまさに「眼からウロコ」の美味しさではありませんか。そうとう強い個性…と思って口にしましたが、さすがの熟成技術です。塩気も丸みを帯びています。

ムランの町で毎年行われているコンクール

「通はこっちだよ」と私を誘ったリシャールさん（左）と、黒いブリまで私を導いてくれたロワゾーさん（右）

ブリ・ド・ムランの祭りには、ブリの市も立ちます

農家製シャウルス作りが家業になったドーヌ一家。右がリオネル＆マリー夫妻、左が娘夫婦

さっそく日本で紹介したら、なんと固定ファンがどんどん増えて、２００８年ごろからはクリスマスシーズンの必需品として定番商品になってしまいました。

ロワゾー社は１９２１年にロワゾーさんの両親が創業し、はじめはクロミエの製造販売をしていたそうです。戦後、モーやムランの熟成も手がけるようになり、会社も急成長しますが、周囲の都市化に伴ってクロミエの製造からは手を引き、熟成販売に専念して今日の評判と地位があります。

すでに息子夫妻に家業はバトンタッチしていますが、70歳を過ぎてなお、自分の落ち着く場所はカーヴとばかり、チーズのそばにいるときが一番嬉しそうです。

農家製を復活させたシャウルス生産者

Lionel《リオネル》 Dosne《ドーヌ》

ワインの産地ブルゴーニュ生まれで、今もブルゴーニュと隣のシャンパーニュ地方で作られているのが、白カビチーズの中でもとりわけビロードのような真っ白なカビに覆われたシャウルスです。口どけが良く、熟成すると力強いコクやうま味が生まれるチーズです。

産地はあまり広くないのですが、戦後近代化が進み、20世紀後半には殺菌乳を使って酪農工場が一定量を生産し続けるようになりました。無殺菌の乳で作る農家製はもうなくなったと聞いていたのですが、あるときシャンパーニュの本の中に「農家製が復活している」という記事を見つけました。矢も盾もたまらなくなってクリスチャンに頼んでアポイントを取ったのが２００２年のことでした。

訪ねたのは、シャンパーニュ地方オーブ県の県都トロワから車で45分ほど走った草原の中にあるリオネル・ドーヌさんのお宅です。彼は自分の育てた牛の乳でチーズを作ってみたいと１９９４年にアトリエを建て、４年間の試行錯誤の末に農家製シャウルスを完成させました。

いただいてみると、無殺菌乳で作られるシャウルスは軽い酸味とクリームの香りが心地よく広がり、良質なミルクならではの味の深みが感じられました。脂肪調整をしないため、季節によって味わいも変わるはずです。こんなシャウルスをぜひ、日本にも紹介したいとその場で思い立ちました。

製造は妻のマリーさんの担当です。当時、受注生産のような生産量が続いていたところに「日本にも送って」という私のリクエストに戸惑っていた様子を懐かしく思い出します。というのも、私が訪問したときこそわずかな生産量だったかもしれませんが、一方で彼らは私もいつも参加している2年に1度パリで開かれているサロン・デュ・フロマージュにこのころから来始めており、このあとの10年間で人脈を増やし、パリのチーズ屋さんとの取引が増え、生産量をなんと10倍にも伸ばしたのです。

そのせいか、その後リオネルに会うたびに「君のおかげでビジネスが大きくなった」と喜んでくれ、本当に私までうれしくなるのです。

１９８０年代から90年代と、時代はみんなして大規模化へまっしぐらかと寂しく思っていたなか、一度は消えた農家製のシャウルスが復活して、そのうえ多くの人の支持を受けて成長しているとは、まるで夢のようです。さらに２０１１年に再びリオネルを訪ねたときには、この仕事を娘夫婦が継いでいたのです。それもなんと、結婚前までテキスタイルの仕事に就いていたという娘婿が躊躇なくドーヌ家のチーズ作りを継いだのだというのです。草や牛の世話は娘が担当しているそうです。

揺れ動くチーズの生産現場ではありますが、勇気ある挑戦のバトンを受け取った若き2人にエールを送りたいと思いました。

上：敷地の入り口には年代モノの塔が２つ。
奥に見えるのがドーヌ家の家屋
中：ビロードのような白カビが特徴のシャウルス
下：アトリエは自宅と向かい合わせにあります

Franche-Comté

フランシュ・コンテ 国民的チーズの故郷

アルプスの北側に位置し、スイスと国境を接するフランシュ・コンテ地方。主だった観光産業が乏しいだけに、AOPチーズ全生産量の4分の1をも占める国民的人気チーズ「コンテ」の経済効果は侮れません。

昨今の日本ではもう一つ、この地のチーズ「モン・ドール」も大人気。これはスイスとの国境に、朝日に夕日に輝く標高約1460メートルの「モン・ドール＝黄金の山」から名づけられました。

もともと雪に閉ざされる地域の冬のたんぱく源を、全仏そして世界に知られるチーズに仕上げた実力者たち。戦略をたて、信念を通すチーズな人々と出会いました。

● コンテ
● モン・ドール
● モルビエ
ブルー ・ド・ジェックス
(●はこの章で触れているチーズ)

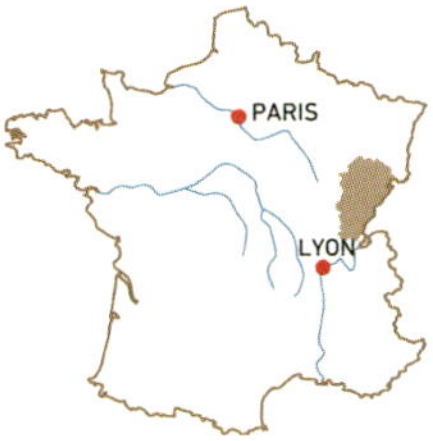

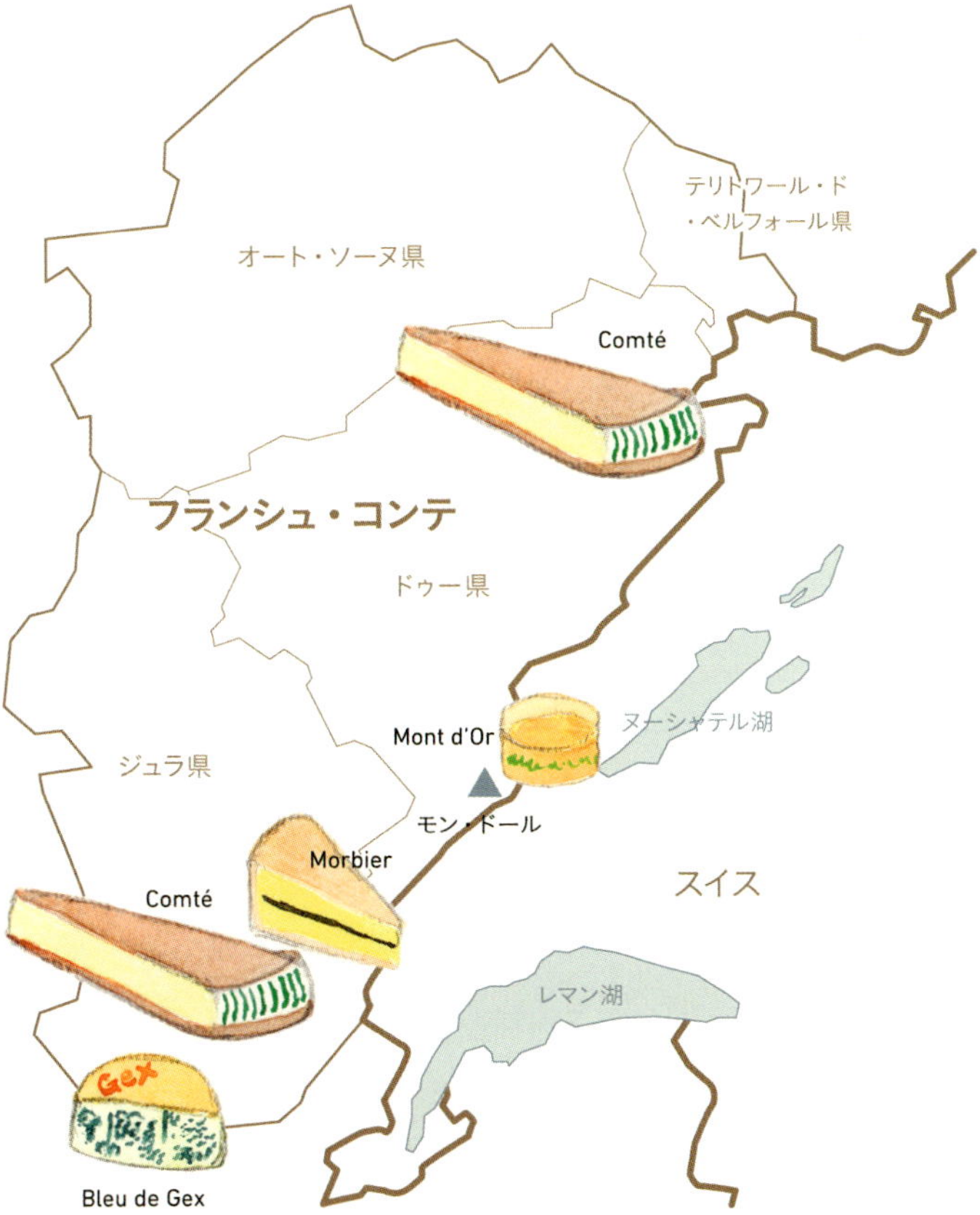

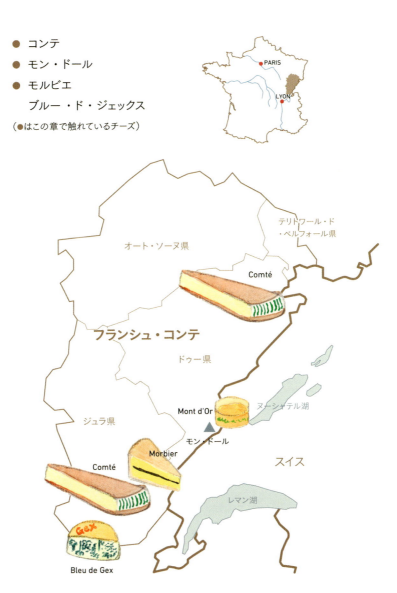

コンテづくりの神髄に触れてほしい

Jean《ジャン》-Charles《シャルル》 Arnaud《アルノー》

フランスでコンテといえば定番チーズです。原形は直径50～70センチの大きな円形。これを家庭ではキロ単位で購入してサンドイッチに、魚や肉のソースにグラタンにと、ごくふつうに使われます。しなやかで美味しいチーズではありますが、あまりに一般的な大物というイメージがあって、私がチーズビジネスを始めた30年前には、自分が積極的に扱うものとは別世界のもの、という意識が正直なところでした。

それでもフランスでは一番人気があったチーズですから、きちんと把握しておきたいと思い、パリのチーズ屋さんたちのなかで定評のあったアルノー社にアポイントを取って出かけました。１９８８年のことです。

季節は秋。アルノー社社長のジャンシャルル・アルノー氏の案内でポリニーにある製造所（この一帯では「フリュイティエール」と呼ぶ共同製造所）を訪問したのはまだ夜も明け切らない早朝でした。中では約１０００リットルの乳の入った銅鍋を前に、上はランニングシャツに下は半ズボンだけという男性が立っていました。大きな布を鍋肌に沿って滑り込ませ、両手と口を使って乳が固まったカードをすくい上げる姿はまるでアクロバットのよう。私は彼が鍋の中に落ちてしまわないかと内心ひやひやしながら、けれど、ただただ呆然と眺めていたことを昨日のことのように思い出します。そんな私にジャンシャルルは、乾燥させた子牛の胃袋を見せながら、牛乳を凝固させる酵素のことから製造について、ていねいに説明してくれました。

当時、ジャンシャルルはまだ30代前半、時代はＥＵ統合前で衛生基準も今ほど厳しくなく、こんな素朴さが残るフリュイティエールは大小５００軒ほどありました。しかし、21世紀になった今は約１６０軒。そしてここからチーズを預かって熟成させる熟成業者は約20軒。ジャンシャルルのアルノー社はそんな中の１軒です。

アルノー社は１９０７年の創業で、ジャンシャルルは3代目。チーズのブランド名「ジュラフロール」の由来を聞くと「パリのカフェ・ド・フロールからヒントを得たんだよ」と教えてくれました。フロールとは花の意味、そしてジュラとはこの地域の東側にあるスイス国境のジュラ山脈から。つまり、ここジュラ地方の放牧地に咲くお花をイメージしたのだと思います。

さて、フリュイティエールで作られたチーズを熟成させるアルノー社のカーヴに行って、またびっくり。ここでは男たちがなんとシャツ1枚でコンテの反転作業をしていたのです。木棚に置かれたコンテを半分引っ張り出して、表面を布でこすっては天地を返す作業は大変な力仕事です。カーヴの中にはガターン、ゴトーンとチーズの音が響いていました。

コンテ作りとは、なんとダイナミック！　大型チーズの熟成は、こんなにも体力を

老舗アルノー社の3代目、ジャンシャルル・アルノー氏（1988年）

使って続けてこられたものだったの？　なんて面白い世界なんでしょう！　軽い気持ちで出かけていただけに、そのときに刻まれた強烈な印象はそのあともずっと私の脳裏から離れませんでした。

当時、日本のホテルやレストランで使われるハード系のチーズといえば、もっぱらグリュイエールでした。それも流通させやすいようにブロック形にカットされたものしか見かけませんでしたから、車輪のような大型チーズをホールのまま日本に仕入れるというのは、まず扱い方からして当時の私には考えられないことでした。

だからこそ、私にとってコンテは、パリのチーズ屋さんでお土産の分だけ買って帰るもの、という意識でした。それが船便でホールのまま日本に運ぶようになったのは1990年も半ばです。1994年のサヴォワの旅で猛然とアピールを受けたボーフォールを日本に運び始めて少ししたころでした。そんなコンテが今日ほどの人気商品になるとは、当時からは想像もできないことでした。

地元をアピールし、ヨーロッパチーズを応援する度量

ジャンシャルルは老舗の3代目だけあってチーズの世界に通じているのでしょう。若くして本業のかたわらＩＮＡＯ（国立原産地・品質研究所）の仕事を兼務したり、1997年から始まったイタリアのブラ祭りでのＥＵ統一マーク検討委員会の委員を務めるなど、広く活躍する実力者です。その後フランスＡＯＰの会長職にも就き、地

上：アルノー社の熟成庫で、コンテの味見。旅の友は、フランス語力と行動力を併せ持った廉子さん
右：熟成庫に併設されたショップ。「ジュラフロール」のブランド名が看板です

大きな銅鍋の陳列。ここでコンテを買う客はみんなキロ単位でした

ジャンシャルルは2003年開催の山のチーズオリンピックを誘致。10月だというのに雪。アルノー社のコンテはこのとき見事に金賞を受賞

元とパリを毎週行き来するという多忙さ。それだけ多くの人望が寄せられるのは、彼が人当たりが良く、人の話を真剣に聞き、問題を解決しようと努力をするタイプだからだと思います。何かトラブルがあっても、よくある〝謝罪よりいい訳〟というタイプでもありません。私もそうですが、話をしていてほっとできる、構えないですむ人なのです。

しかし、そのソフトなマスクの下に、実は静かに大志を抱いていたのを知ったのは、１９９８年に招待を受けて再び彼の地に立ったときでした。

このとき連れて行かれたのが標高１１５０メートルの土地に5万平方メートルもあるルース要塞（フォート・デ・ルース）の跡地でした。戦時中は中に３５００人もの兵士が暮らしていましたが、今はここに10万個のコンテを眠らせているというのです。広い構内には古い道具を集めたり、多くの人がゆっくり滞留できるだけの広さを確保して、見学に来た客にはファンになってもらえるように魅力的な演出も上手です。こうして安定して上質のコンテを提供し続ける力があることを存分にアピールする手腕で、彼は3代目にしてアルノー社の名前を不動のものにしました。

さらに２００３年には、その前年に始まった「山のチーズオリンピック」の第2回目開催地として名乗りをあげ、多くの人を自分の故郷に招き、素晴らしいおもてなしをしました。これはもう、彼の政治力だと思います。自己主張というより、自分たちコンテ産地としての話題づくり、イメージアップという感じでしょうか。このとき、

日本から出場した北海道の共働学舎新得農場の宮嶋望さんの「さくら」が銀賞を取ったことも、日本にとっては興奮のニュースでした（翌年の2004年のスイス大会では金賞を受賞）。こうなると、日本にいる人にとってもフランシュ・コンテの地にはご縁を感じてしまいます。ジャンシャルルはここまで分かっていたのでしょうか。

実は今、彼との取引はコンテではなくモン・ドールが中心です。それでも人間関係が良好なのは、彼がフランスＡＯＰチーズ、いや、ヨーロッパ全体のチーズを応援する立場で話をする度量を持った人間だからです。

どこで会っても誠意を持って対応してくれる彼は、また、静かな口調で私にささやきます。「今、さらに大きな計画を進めているんだ」。

完成したらもう一度訪ねようと思っています。

苦境を乗り越えてモン・ドールも再輸出

１個が40キログラムもあるコンテは、一度に４５０リットルもの乳がないと作れません。では、乳が少ないときはどうするのでしょう。このエリアでは、そのための知恵を絞ったチーズがいくつかあります。例えば、当日の製造は半分までやめ、上に虫よけのために炭粉をまいておいて翌日また半分を作り足す、という1個5～8キログラムのモルビエ。今ではそのような作り方はしませんが、出来上がったチーズの断面に黒い線があるのをトレードマークとして残して作り続けられています。

とろとろモン・ドールは、スプーン2本でサーヴィスします

もっと小さいのが1個500グラムから3キログラムのモン・ドールです。熟すと中がカスタードクリームのようにとろとろになるので、食べるときは上の皮をはぎ、スプーンですくい上げます。これをパンやじゃがいもに乗せていただく美味しさ、楽しさといったら、一度経験したら忘れられません。そしてこのとろとろの黄金色が、モン・ドールの山の輝きに通じるというのです。この山の西側のフランスだけでなく、東側のスイスでも作られているチーズです。

コンテを訪ねた1988年の旅では、そのままジャンシャルルに連れられてモン・ドールの製造現場も見学しました。側面を香りのよいことで名高い地元の木、エピセアの樹幹を薄く削ったもので巻き、さらにエピセアの棚の上で香りを受け取りながら熟成していくと聞くと、このチーズがますます魅力的に思えます。帰国して、さっそく輸入の準備を始めました。当時はこのチーズのとろとろを意味する「ヴァシュラン（Vacherin）」という言葉から「ヴァシュラン・モン・ドール」という名称で、人は口々に「ヴァシュラン」と呼んでいました。

ところが、それからたったの2カ月後、あるメーカーのモン・ドールにリステリア菌が見つかり、フランスからの輸出はストップ。公の取引は禁止され、フランスに行って食べるか、個人の持ち帰りしか許されなくなってしまったのです。

輸出が許されるレベルのものを作るためには、製造所は衛生設備を整え直さなくてはなりません。こうなって一番痛いあおりを食ったのは小規模の農家です。設備投資

フランスからは東に見える
モン・ドール（黄金の山）。
裾野から頂上まで放牧地
が広がっています

エピセアの棚の上で熟成する
モン・ドール

チーズの側面には、樹幹を薄く削ったものを手作業で巻きます

モン・ドールに欠かせない樹木、エピセアはもみの木の一種と聞きました

の費用は一農家には大変な負担です。もともと製造も8月15日から翌年の3月31日（現在は3月15日に改訂）までしか許されない限定生産のチーズですから、ほかの通年チーズも製造しながらという、ある程度の規模と体力のある会社でないとモン・ドールの衛生環境の整備までとても手が回りません。結局、そうして輸出再開にこぎつけたのは大手数社でした。

　このとき、名前を「モン・ドール」と一新して再デビュー。より覚えやすい名前と積極的なプロモーションが功を奏したのか、このあとの国内外での躍進振りは見事というほかありません。というのも、事故前まで、生産量が年間やっと１０００トンに届くか届かないかといっていたのが、事故のあおりで90年は４５０トンにまで落ち込んでしまったのに、92～93年には１０００トン、輸出解禁の95年をはさんで１９９９～２０００年には３３００トン、今日では軽く５０００トンを越えるまでの伸びを見せているのです。事故がかえってその存在を知らしめたのかもしれません。

　ただ、復活間もないころは、アルノー社が熟成して販売するモン・ドールは、シーズンごとに少しずつ良くなってはいるものの、生地が硬くて熟成してもとろとろにならないという課題を抱えていました。しかし、21世紀になったあるとき、フェルミエのスタッフたちで8ブランドのモン・ドールを取りよせ、食べ比べてみてびっくり。全員一致でアルノー社を選んだのです。前年に比べて飛躍的によくなっていた理由は、製造担当者が変わったこと。つくづく食べ物は人が作ると実感したできごとでした。

最高の超熟コンテはたやすく渡さない

PHILIPPE《フィリップ》 GOUX《グー》

マルセル・プティット社の存在を知ったのは、パリのチーズ専門店「キャトルオム」でした。チーズ専門店を日本で始めた当初、この店にはよく通い、アランとマリー夫妻にはたくさんのことを学ばせていただきました。

そのひとつが、超熟コンテの存在です。ふつうなら6〜9カ月の熟成期間で出回るチーズが18カ月以上熟成されると、アミノ酸が結晶化して口の中でじゃりじゃりと音を立てているような食感です。唾液となじむと焼き栗のように甘い。

「なに？　これ」と驚く私にアランは、マルセル・プティット社のカーヴがあるサンタントワーヌ要塞（フォート・サンタントワーヌ）を訪ねることを勧めてくれました。

どんなチーズも、ただ熟成期間を延長すれば美味しくなるというものではありません。もともとの作られ方が長期熟成に耐えるだけの配慮がなされた上質なものでなければなりませんし、熟成中の管理もおざなりにはできません。したがって、どこの会社でもできることではなく、設備も人材も重要なのです。

いったいどんな人が熟成させているのだろうと、一級品に会いに行くときはいつもウキウキします。訪ねたのは２０００年2月。とても寒いときでした。オフィスはポ

コンテの熟成庫になっているサンタントワーヌの要塞。奥の広さは圧巻です

ンタリエにありますが、要塞のカーヴは標高1100メートルの森を抜けた高地です。ここでじっくりと熟成させることで、ヘーゼルナッツやチョコレート、キャラメルなど何十種類もの複雑な味わいを確実に引き出すことができると証明したのはマルセル・プティット氏でした。スタートはなんと1960年代。当時は大量生産第一主義の時代でしたが、プティット氏は農業の近代化や工業化に反対し、一家をあげて有機農業を応援し、環境保護の視点を忘れない主張と経営をしてきました。そして彼の意思は今、リオネル・プティット氏に引き継がれています。

しかしこの日、カーヴで対応してくださったのは営業担当のフィリップ・グーさんでした。目つきが鋭く、初めての客を値踏みしているようにさえ感じられます。私を6500個のコンテが眠るカーヴに案内すると、熟成の若いコンテをいくつも味見させてくださいました。これは、いくつもの製造所のチーズを熟成させているため、私の好みの方向を確認するためでした。

そして、取引はまず30玉からスタートだというのです。さらに18カ月以上の熟成ものを買いたいなら、12カ月熟成のものも一緒に買うのが条件です。コンテは法律では最低4カ月の熟成を経て市場に出始めるものですが、一般的には8～9カ月熟成が多く、1年未満で消費されるのがふつうです。熟成の若いものもマイルドで美味しく、それぞれの熟成段階を楽しんでほしい、ということなのだと思います。

プティット社の熟成庫で、熟成士はわずかな量を抜き取って、熟成の具合を判断します

凄腕営業マンのフィリップ（右）
も味見をします

美味しいコンテ、取引に哲学あり

さてそれから数カ月後。私が味見して予約した製造所のコンテがやっと日本に来ました。栗のように甘いコンテはあっという間に人気者。続けて次も、と予約しようと連絡すると、「ちゃんとカーヴに来て選んで欲しい」と返事が来ました。フィリップの哲学は、「作り手と熟成者、販売者の3者が強い信頼関係で結ばれていなければ、本当に美味しいコンテをお客様まで届けられない」ということを知っていましたから、さっそく予約のために海を渡りました。

そして、またテイスティング。試されているのです。また同じことをさせられるの？　なぜ？　初めての去年より緊張しました。自分のビジネスに信念がある彼は、現オーナーであり技術を担当するリオネルの情熱とマルセル・プティット社の誇りをかけて熟成させたものをそうやすやすとは渡してくれないのです。交渉も理詰めで相手に隙を与えません。それほどの人が、休暇は自身の体を鍛えることに使っていると聞いたときは、ますます遠い存在に思えてしまいました。心身ともにタフそう。その印象は10年以上付き合った今も変わりません。

そんな彼が、私のテイスティングを厳しい顔つきで見つめます。否が応でも緊張してしまいます。が、次の瞬間「去年と同じ製造所の物を選びましたね。いいでしょう、送りましょう」と声が和らいだときは本当にほっとしました。そして、彼はさらに顔を緩めてわざわざ遠路よく予約に来たと改めて喜んでくれ、「好みが分かったので来年はわざわざ来る必要はないですよ」と。こちらの誠意が通じた瞬間でした。

それでも、私はその後もフェルミエのスタッフを連れて何度も訪ねています。要塞は外観からは想像もできないほど奥が深く、壮観。何度行っても息をのむばかり。初めてのメンバーがその迫力に圧倒され、感動しているのを見るのが嬉しいのです。

一方日本では、２００６年のフェルミエ創業20周年記念として、愛宕本店の、お客様から見える場所にコンテのカーヴを作りました。これを誰より喜んでくれたのがフィリップです。それから10年。コンテの日本での消費量は順調に伸びて、今ではカーヴに収納しきれない量の玉を輸入するようになりました。

今、フェルミエが同社に予約するのは熟成8カ月以上、12カ月以上、18カ月以上の3種類ですが、うまく24カ月まで熟成できそうなエリートコンテが出てきたときには顧客特別枠として何玉か買う権利が得られます。もちろんフェルミエは毎回その全量を購入しますが、日本のファンに大変な人気なのは言うまでもありません。

フィリップはまた、東洋のお茶とコンテのマリアージュの研究もしているらしく、最近パリのサロン・デュ・フロマージュで会ったときは熟成の若いコンテには緑茶、熟成したコンテにはプーアール茶が合うと勧めてくれました。

コンテの凄腕営業マン、フィリップ・グー。さすが彼の勧める組み合わせは見事です。技術者ではないのにこの完璧主義。実は私があの要塞のカーヴの次に圧倒される相手なのです。

Savoie

サヴォワ
アルプスの麓チーズの誇り

フランスの南東部には、スイスやイタリアと国境を接するアルプス山脈があります。急勾配の山岳地帯サヴォワの自然は、美しさと同時に驚異も感じさせる勇猛さ。冬は深い雪が積もるものの、雪解けを待っていきなりやってくる初夏は、百花繚乱の桃源郷を作り出します。

そんな大草原に放たれる牛たちと、彼らを追って夏は山小屋、冬は麓の町と行き来する酪農家たちがつくるチーズとの出会いには、情熱的な案内人の存在がありました。

この山の懐では上品な味、力強い余韻のある味、冬の味、夏の味と様々な顔のチーズが生まれています。

● ボーフォール
● ルブロション
シュヴロタン
アボンダンス
トム・デ・ボージュ
トム・ド・サヴォワ
（●はこの章で触れているチーズ）

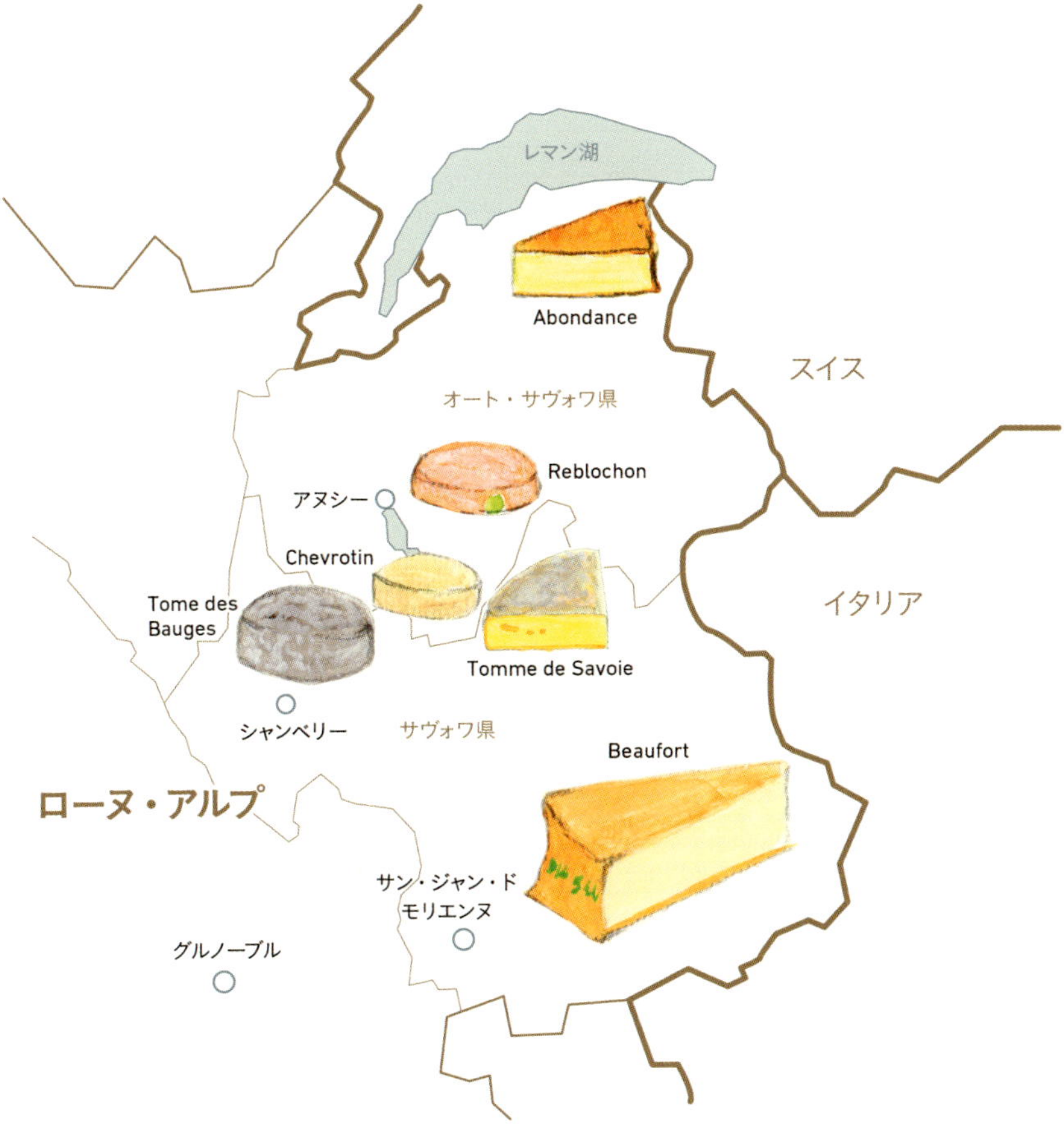

故郷サヴォワのチーズを情熱的に語る

Jacques《ジャック》 Vernier《ヴェルニエ》

チーズの国フランスでも、量販店に並ぶチーズと専門店に並ぶチーズは趣が違います。とくに個人の専門店の場合、店主の嗜好や主張が前面に出ている店は見ているだけでも物語を感じておもしろいものです。

その個性を如実に感じたのが、パリのチーズ専門店「ブルソー・ヴェルニエ」です。今では店名が変わってしまいましたが、当時、店頭に我が物顔で並んでいたのはアルプスで作られているボーフォールでした。冬の間、深い雪に閉ざされる山岳地帯の村々にとって保存性の高いチーズは不可欠のたんぱく源です。そのため1個を40キログラム級の大型に仕上げ、しっかり水分を除いて冬の保存食として備えるのです。それが丸ごと店の陳列棚に鎮座していたり、半径30センチの扇状に切られた断片がダイナミックに重ねられていたり。そしてそれらの前には、作り手、熟成度合い、産地などが書かれたカードが並んでいます。店主はジャック・ヴェルニエさん。ボーフォールの故郷、サヴォワの出身です。

「さあ、食べてみなさい。この気品ある芳香、口に入れるとノアゼットの風味とコクが舌の上に広がるだろう。彼らはチーズのプリンスと呼ばれているんだよ」

雪の中を、秘密のチーズの運搬も手伝わされて…

ちょっと自慢げに説明してくれたジャックは、自慢するだけのことはあってほぼ毎週、片道5〜6時間かかるサヴォワのモリエンヌという自分の出身地区のチーズ製造所まで通っていました。そこではチーズを自分の眼で確認して仕入れたり、もう少しここで熟成させて、などと言ったりして予約もしていました。そして、持ち帰ったボーフォールには、表皮を拭いてはひっくり返すという手入れも熱心にしていました。

そんな彼に誘われるままにサヴォワを訪れたのが1993年6月。旅の相棒は廉子さん。フランス語が堪能でしゃべりもアルコールもジャックの勢いに対抗できる頼もしいフェルミエスタッフです。高原の淡い色の花々や牛たちを見ながら着いた共同酪農工場では、なんと牛乳を一度に約2000リットルも温めて、ここからボーフォールを4個作るのだと説明を受けました。

固まったカードを型からはずし、塩水に浸け、その後熟成庫に運んだら表面に塩をまいたり、それをこすっては上下をひっくり返したりと、人間はチーズの世話をして熟成がうまくいくように手伝うのです。

当時、日本で数十キログラムサイズの大型のチーズといえば、イタリアから来るパルミジャーノ・レッジャーノぐらい。なかなかホール1個丸ごと見かけるようなチーズはない時代でしたが、せっかくアルプスまで出向いて出会ったからには、なんとか、この山岳のプリンスを日本に紹介したくなりました。ジャックに倣って、その熟成庫の数個に自分のサインを削り込み、「もう少しここで熟成させたら日本へ送ってくだ

サヴォワの山に、わざわざ日本からチーズを買いに来た、と地元紙に取材されてしまいました（1993年）

さい」と頼んでアルプスをあとにしました。

その年の秋、いよいよ船便で直径50センチ以上もあるホールのボーフォールが日本に到着。添えられたジャックのメモどおり、日々、表面を拭いてはひっくり返すお世話を始めると同時に、アルプスのプリンスのプロモーションもスタートさせました。

ジャックは精力的なフランス人チーズ商であり、当時のタスト・フロマージュフランス本部の副会長でもあり、また、故郷に戻ると体力あふれる山の民の一面も覗かせます。フェルミエのスタッフが彼の店を訪ねたり、チーズ好きと一緒にツアーを組んで行ったりするとパリでもサヴォワでも盛大に歓待してくれ、ボーフォールの製造現場だけでなく、この一帯で秘密のチーズを作る農家に連れて行ってくれるようなこともありました。そんな彼を日本にセミナーで招聘すると、情熱的に「チーズにはテロワール（できた土地との関係性）が大切」とそれはそれは高らかに日本の民に説いていました。

彼のおかげで、日本でボーフォールは21世紀を待たずしてずいぶん有名なチーズになりました。でも冷静に考えれば、チーズの生産量としては今、日本でやっと有名になってきたコンテの10分の1以下という事実に改めて驚きます。

これは、たった一人の情熱でも、それが伝わればいかに人を動かせるものかという典型的な話のような気がします。そして、今思い返すと、そんな後ろ姿に、チーズを生業としていく人間の生き様を見た思いがするのです。

モリエンヌの熟成庫で、チーズの皮に名前を彫って予約するジャック・ヴェルニエ氏

夏、花咲く高原に放たれた牛たちの搾乳には、可動式の搾乳システムが山までやってきます。牛たちも「搾ってほしい」と集まってくるのにびっくり。高原牧場は冬はスキー場になります

ルブロションの熟成で名をはせた
ジョセフ・パカール氏

サヴォワの名品チーズを守るパカール社

Jean《ジャン》-François《フランソワ》 Paccard《パカール》

フランスチーズをこよなく愛するジャックにはたくさんのことを教えていただきましたが、21世紀になって、彼は店を他人に売って潔く現役を退きました。そしてタスト・フロマージュの会の副会長として世界を駆け巡るフランスチーズ広報マンを務めていたかと思うと、あるときからぴたりとチーズ関係の会に姿を見せなくなりました。第二の人生をまったく別のステージで始めたのでしょう。

そこで、新しくお付き合いが始まったのが、サヴォワの名だたる伝統チーズを広く集め、熟成させているその腕で名高いパカール社です。

創業者のジョセフ・パカール氏はルブロションというチーズを作る農家に生まれました。製造はもとより近隣の生産者のことや熟成のことまで詳しかった彼は、とりわけ熟成士としての腕を見込まれ１９７１年からルブロション発祥の地のトーヌ協同組合で働くようになりました。それから18年の歳月を積み重ねる間に、顧客ごとの好みに合わせた熟成をしたいという思いが強くなり、ついに１９９０年、独立したのです。

今は、息子のジャンフランソワ・パカールが営業担当となり、弟のベルトラン・パカールが熟成士として父親の技術を継いでいます。彼らの扱うボーフォールも素晴ら

左：営業を担当し、顧客の心をつかむジャンフランソワ・パカール
右：父親の技術を継いだ弟のベルトラン・パカール

しいのですが、ここでことさら情熱的に教えられたのがルブロションについてです。これは彼らのルーツであり、サヴォワのなかでもボーフォールに続いて有名な手のひらサイズのチーズ。そしてそのチーズの心配な現状について、彼らは折に触れ、口にするのです。

ルブロションは、13世紀に開墾されたアルプス山脈の一部、トーヌの谷で農民たちが作っていたチーズです。彼らは地主から土地を借りて牛を飼い、その土地の賃借料が牛乳の収量をもとに計算されていたため、地主の目を盗んで牛乳を一度に搾りきらず、2度目に搾った乳で自分たちのチーズを作っていたという裏話はすでに日本でも有名です。現代まで続いたのは、ミルクの香りが優しく食べやすいのがポイントかもしれません。

ところが、そんなルブロションの消費量が最近、どんどん減少しているというのです。というのも、作って15日間熟成させれば出荷できるこのチーズの旬は、牛たちが青々と茂った夏の草を楽しんだ乳で作ったもの、つまり夏こそがおいしいのですが、夏はどうもチーズにとっては分が悪い季節。チーズの国のフランスでさえ、夏、人の好みはみずみずしいフレッシュなものに食指が動くうえに、ヴァカンスシーズンになるためチーズ店も次々と休みに入るからです。

そのうえ、冬にこの一帯を訪れるスキー客の間では、じゃがいもの上にこのチーズをたっぷり溶かして食べる郷土料理「タルティフィレット」がすっかり有名になってしまったため、フランス人にとってもこのチーズのイメージは夏ではないそうです。その証拠に最も需要が多いのは11月から3月。さらに町の大手スーパーには「タルティフィレット用チーズ」なるものが季節を問わず出回るようになり、今やルブロションはチーズそのものの味を楽しむチーズではなくなってしまった、というのです。

ルブロションは、冬じゃなくて夏なんだ！

そこで立ち上がったのが、地元に160軒ほどある農家たちです。「ルブロションのタルティフィレット用のチーズというイメージを払拭し、農家こそが続けている夏

上：スキーリゾートとして有名な麓の町クルーザ
中：人気郷土料理の「タルティフィレット」
下：ルブロションは、顧客の好みの熟成で出荷します

夏の放牧に上がって来た農家

季放牧、つまり高地に牛を放って乳を搾り、そこでチーズも作るというアルパージュで製造されたかぐわしいこのチーズ本来の味を知ってほしい」と様々なイベントを産地内のあちこちで企画するようになりました。

例えばスキーリゾートとして有名なクルーザの町では旬の8月に、毎週水曜日に市が立つ地元民の交流の場グラン・ボルナンでも毎年9月に大きな祭りをします。さらにその翌週には農家製ルブロションのコンクールも行い、夏場のルブロションのイメージ作りに躍起です。

農家のルブロション作りは、今も牛たちの都合にあわせて朝夕の搾乳ごと、つまり1日に2回行われます。設備投資をして乳を集め、大量に1日1回の工程で作られる効率の良い工場製が今や8割以上という環境にあって、あえて手間暇のかかる道を捨てない彼らは、夏、雪が解け始めると自分たちが所有する高地牧場に牛を放ち、おいしいルブロションを作ることを誇りに思っているのです。

農家を応援するジャンフランソワが冬に案内してくれた農家は標高１３００メートルの人里の中。雪はあっても平らな土地で穏やかな環境です。その農家が夏に牛を放つ標高１５００メートルの傾斜地にある夏季牧場にも行きました。夏は人も山小屋に住まいを移し、３６０度の大パノラマの壮大な自然の中で搾った乳でルブロションを作ります。その美味しかったこと。私が農家製に肩入れする理由はこういった原体験に基づいているのです。

毎週、市が立つグラン・ボルナン

父のジョセフ氏は、生産者から木箱に入ったルブロションを手渡しで受け取ります

荷物の受け渡しのあとのカフェは、情報交換と親交の深まりに大切なひと時です
（立っているのがジャンフランソワ、左から３人目がジョセフ氏）

夏季放牧の間、農家は山のチーズ小屋でチーズ作りをします

パカール社では、今、農家製ルブロションを20軒ほどの契約農家から集めて、いくつかの部屋に分かれた熟成庫では、顧客それぞれの好みに合わせて別々のレシピで熟成を進めています。そのチーズごと、季節ごと、と対応は一筋縄ではいきません。

猛烈なスピードで技術開発が進む現代にあって、効率化が進むのはチーズ作りだけではありません。インターネットがあれば、ビジネスも相手の顔を見なくてもできるようになりました。しかし、ジャンフランソワは、2月のオフシーズンには取引先の顧客を招いてチーズ談義をし、スキーをして交流を図ります。人の心が何で動くか、その核心を知っているかのようです。

一方、息子たちが主力になった今なお、毎週水曜日、市の立つグラン・ボルナンに出かけ、生産農家からエピセアの木の箱に入ったルブロションを手渡しで受け取ったあと、カフェで軽く一杯彼らと引っ掛ける付き合いを続ける父ジョセフ氏のスタンスも忘れてはならないものだと思います。

サヴォワのチーズが東京に届くたびにサヴォワの自然を思い、その自然を心から愛する男たちを思い、夏季放牧という壮大な財産を失わないために私たちができることは何か、そんなことをいつも考えてしまいます。

FRÉDÉRIC ROYER

アヌシー湖畔の大御所チーズ商 フレデリック・ロワイエ

スイス国境に程近いアルプスの麓、アヌシー湖は、世界から観光客を集める場所です。ここに面した美しい町、トノン・レ・バンにチーズショップを構えるのがフレデリック・ロワイエ氏です。

最初の出会いは、フェルミエ主催のパリチーズ研修第1回目、2004年2月のことでした。彼の授業はチーズプラトー。そのときの衝撃は今でも忘れられません。

たとえばピラミッド形のヴァランセを水平にカットしていき、スライドさせて階段のようにする方法、あるいは交互に組み合わせてツリーにする方法など、それはもう目からウロコでした。2016年の今でこそ様々なカッティングを目にするようになりましたが、その当時はカットといえば平等に分けることを最大の目的にした、伝統的な、つまり中心から放射線状に切り分けるのが常識でした。であれば、彼の方法はとんでもない掟破りです。でも、その美しさは、一気にチーズの世界を広げてくれたのです。

彼が持ってきた熟成ラングルの味わいも忘れられません。あんなに美味しいラングルにはあとにも先にも出会ったことがないほどです。さらにそのラングルを上等なデーツ（椰子の実のドライ）に挟む食べ方も、それはそれは極上の美味しさでした。

当時、彼の店はパリから車で3時間ほどのロレーヌ地方にありましたが、その後、現在のアヌシー湖畔の老舗「ブージョン」を買い取って移り住んだので、私たちはサヴォワやスイスを訪ねる旅の途中で、折を見ては訪ねます。

店に入れば、サヴォワ地方らしく谷ごとに別の名前のついた様々なトムをはじめ、彼が手塩にかけた上質チーズが所狭しと並んでいます。奥のカーヴにも2年、3年物のコンテをはじめ、たくさんのチーズがぎゅうぎゅうに詰め込まれています。棚は天井まで何段にも重なり、人ははしごを使って上り下りしているそうです。どのチーズもただ置いておくだけで美味しくなるわけではないので、見極めが大切なカギ。そんな逸品が店に出てくる

右側は対面販売のショーケース、左はシェーヴルやフレッシュが並びます。その奥の左側がサヴォワのトムで右にはワインやサラミが並んでいます。カーヴはさらにこの奥

夫人と共に。居ぬきで購入したので店名は「ブージョン」。そして夫妻の名前「Valérie et Frédéric Royer」がついています

とあれば、地元の人が見逃すわけがありません。そのうえフレデリックは人に対して決して偉ぶらない。セミナーのときでさえ先生然とせず、ていねいに説明してくれるお人柄。それがまた、店を庶民的なムードにして人を呼ぶのです。

ところで、彼はそれ程の実力者でありながらＭＯＦは持っていません。というよりＭＯＦの審査員として活躍するほどの実力者なのです。何事も、肩書きがすべてを物語らない代表例のような存在なのです。

チーズはすべて裸です。
フランスの常識は日本の非常識？

Bourgogne

ブルゴーニュ
様々な地域文化の交流エリア

ブルゴーニュといえばワインの産地コート・ドールの名前が有名ですが、川の名前が県名になっているところも二つあります。一つは、北へ向かってセーヌ川に合流するヨンヌ川が流れるヨンヌ県。もう一つは地中海へ南下するローヌ川に注ぐソーヌ川と、北上して途中から大西洋へと大きく曲がるロワール川の二つを持つソーヌ・エ・ロワール県です。

昔から文明文化は川沿いに伝わったことを思い返すと、このエリアに周辺地域のチーズ文化が伝わっていることもなるほど、と理解しやすくなりました。

- ● エポワス
- ● ブリヤ・サヴァラン
- ● マコネ
- ● シャロレ
- ● バラット

（●はこの章で触れているチーズ）

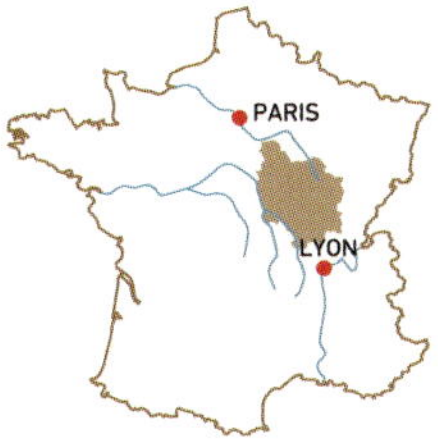

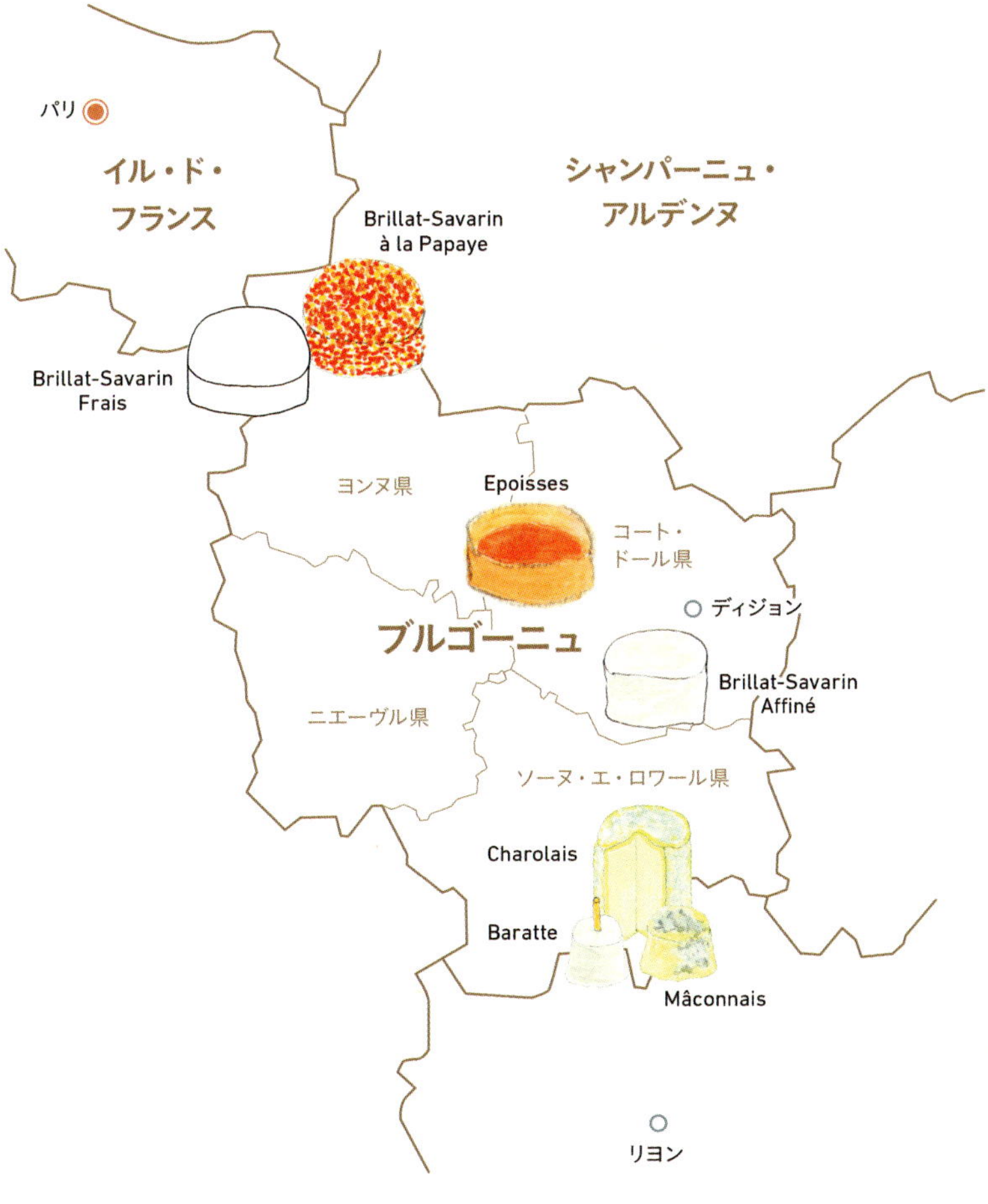

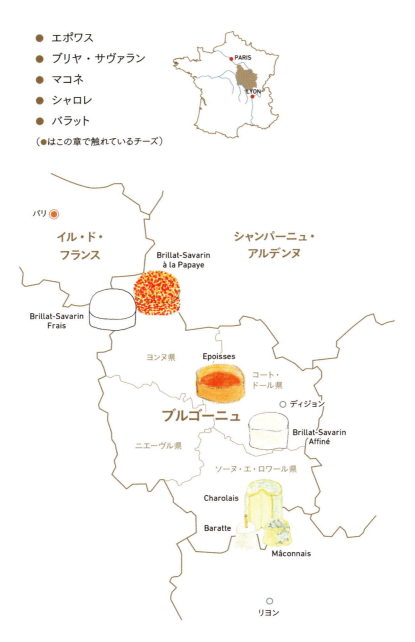

右：エポワス村に残るエポワス城
左：エポワス城の一部。ベルトー社のエポワスのパッケージにも描かれています

エポワスとともに生きたジャン・ベルトー

JEAN《ジャン》 BERTHAUT《ベルトー》

周囲を塩水や地酒で洗いながら熟成させるウォッシュタイプのチーズは、日本の納豆菌の仲間が表面に繁殖して、濃厚な風味をかもし出します。個性の強いそんなチーズが今日の日本でこれほど市民権を得るとは、感慨深いものを感じます。赤ワインとの名コンビぶりが推進力になったのかもしれません。

エポワスは、そんなウォッシュタイプの中でも最も個性の強いブルゴーニュ地方のチーズです。「これが好きといえば、チーズ通」といわれる代表格。日本にもチーズ通がずいぶん育ったということです。

エポワスのふるさとは、コート・ドール県ではあってもワインとは無縁のエポワス村です。16世紀から伝わるチーズですが、20世紀の2度の世界大戦で消滅の危機を迎えました。しかし、初代ベルトー社社長のロベール・ベルトー氏は地元農婦から技術を伝承することでその危機から救いました。

そんなベルトー社を初めて訪ねたのは１９８８年です。遠い国からよくぞとロベールさんは歓待してくださいましたが、間もなく代替わりして跡を息子のジャン・ベルトー氏が継ぎました。背筋がぴんと伸びて渋い映画スターのような風貌と、話し出し

サロンで熱弁をふるっていたころのジャン

たら止まらない情熱と頑固さには圧倒されるものがありましたが、エポワスに対する熱意は素晴らしく、その後もたびたびパリから日帰りで、あるいは日本からチーズ仲間とツアーを組んでベルトー社のアトリエを訪ねていました。

ジャンと一気に距離が縮まったのは１９９９年のリステリア菌汚染事故のときでした。事故を起こしたのがいくらベルトー社の製品ではないとしてもエポワス協会の会長であり、エポワスが主力商品だったベルトー社にとって、エポワスの信用失墜は大変な痛手でした。それでも、日本で私は待っているからと何度も通い、彼の信念の変わらないことを確認していました。

彼は、徹底的な衛生管理を工場に施し、地元の衛生局に対しても堂々と主張を通すだけの押しの強さも持っています。そして、みごと生産量を元に戻したのが3年後。日本でもこのチーズの支持者が増えてきたのはこのころからだと思います。その後もエポワス人気は上昇の一途。父親から引き継いだあとにＡＯＣ申請を通し、リステリア菌事故からも立ち直るという2回もの大きな試練を乗り越えたジャンの強さは、彼に哲学があったからこそと、誰もが口をそろえます。

タフの代名詞のようなジャン・ベルトー。でも、30年近い付き合いの中では少し違った横顔も見せてくれました。

２００６年のフェルミエ20周年に彼が来日したときのことです。フェルミエのもてなしに応えたいと、彼はそのとき来日したフランスやイタリアのチーズ関係者23名を

集めてこっそりと歌の練習をしていたのです。それをサプライズで披露してくれたのが、フェルミエのスタッフと共に箱根に1泊旅行をした夜でした。外国人23人が全員浴衣姿で、四つのパートに分かれて素晴らしい歌声です。指揮を取るのはもちろんジャン。あまりにすばらしい合唱のプレゼントにすっかり感動してしまいました。

第一線を退いた成功者ジャンと、その思い

さらに驚かされたのが、２０１５年の引退劇でした。あるとき突然、子どもたちが誰も継がないからと、会社を大手乳業会社に売って引退したと、クリスチャンに聞かされたのです。もうベルトー社に居ないなら連絡も取れません。実際、その後ブルゴーニュの旅の途中、懐かしさのあまりベルトー社の前を車で通り抜け、久しぶりに雨の降るエポワス城を散策したときも、「ジャンはどうしてるのか、元気なのかしら」とただ寂しく思いをはせるしかありませんでした。

ところがその日、一緒に歩いていたクリスチャンが、「この近くに夕食を予約したから」と私を村の中心地とは反対の方向へと連れて行きます。そこは1軒の古い民家。ドアがあき、傘をさしてやって来るのは…そう、ジャンだったのです。クリスチャンからのサプライズには泣けてしまいました。

その民家は、ジャンが古い家を買い取って改築したそうで、中は素晴らしい住まいになっていました。今は毎朝、自宅のプールでひと泳ぎしてから1日をはじめ、夏休

ベルトー社の新社屋と工場。大きくはなりましたが、昔の社屋の味わいを懐かしく思います

ベルトー社の創業はこの社屋から始まりました

プール付きのジャンの自宅でシャンパーニュを開けて。忘れられない一夜になりました

みには独立した3人の子どもや孫たちも集まって、一緒にジャンのクルーザーで地中海を回るという引退生活だとか。さすが成功した人はスケールが違うと感心してしまいました。

それでも、プールサイドでシャンパーニュを前に話を聞いていると、両親が創業したころの話、自分が社長になってからの苦労話、会社売却までの決意の苦しさなど、涙なくしては聞けませんでした。エポワスを復活させたのはお父様のロベールさんですが、ここまでの成功へと導いたのはジャンの力だったと再認識した夜でした。

でも、そんな人生を乗り切って、本当にタフ。まるで弱みなどないように見えるジャンですが、今もエポワスのアトリエに出かけてちょくちょくアドバイスをしているとか。彼にとってはエポワスから離れることが一番の弱みなのかもしれません。

ブルゴーニュで山羊を愛するシュヴネ一家

THIERRY《ティエリー》 CHEVENET《シュヴネ》

ブルゴーニュでシェーヴル？　さらにＡＯＣ取得？　とっさにはイメージがわかないかもしれませんが、ソーヌ・エ・ロワール県を流れるロワール川は、その先のサントル圏、ペイ・ド・ラ・ロワール圏とシェーヴルの歴史を共有していました。

その生産者、ティエリー・シュヴネさんに初めて出会ったのはパリのサロン・デュ

ペットのように今も可愛がっているようです

・フロマージュです。2000年のことでした。それ以来、ニコニコと優しい笑顔でどこで会っても声をかけてくれるティエリーは、数々のコンクールで優秀な成績を収めることで評判でしたが、「始まりは、山羊をペットとして飼い始めたこと」という話に興味を引かれ2003年、ついに彼の農場を訪ねてみました。

ティエリーは1965年、わずか2歳で山羊を一頭ペットとして飼い始めました。以来、山羊が好きでたまらず、今では2000頭というフランス最大規模の頭数を世話しながらマコネ、シャロレ、バラットなど小さなシェーヴルをたくさん作る酪農家になりました。

山羊小屋をのぞくと山羊たちのなんとも人懐っこいこと。山羊は通常、生まれてしばらくするとオスもメスも角が生えてきます。集団で飼うときは事故の原因にもなるので早いうちに取ってしまうのが一般的なのですが、ここでは「自然のまま」がポリシーとか。したがって、親しげに近寄ってくる山羊たちはみんな角を持っているのでこちらはつい、身構えてしまいます。それでも先方はどんどん寄ってきて柵に前足を掛け、なでてほしい、といわんばかり。顔に手を当てると嬉しそうに頬をこすりつけ、目を細めます。さらに私たちの服の袖口を引っ張ったり、愛嬌を振りまいたりと、人間に対して絶大な信頼を置いているようです。きっと今もティエリーは山羊たちをペットのようにかわいがっているに違いありません。

それから何度行っても山羊たちの歓待ぶりは変わりませんが、2011年2月に行

「牧草が大切なんだよ」
とミニ講義をしてくれた
ティエリーのお父さん

ったときは出産ラッシュのピーク期にあたり、3週間で700頭も生まれたという可愛い子山羊たちが部屋中を駆け回っている姿を見ることができました。許可を得て、子犬を抱くように抱っこして記念撮影。泣き声も可愛くて、ティエリーがペットにしていた気持ちがよくわかりました。

シュヴネ家では、餌は100％自家製で、山羊の妊娠を手助けする発情ホルモンは使用せず、全くの自然の状態で飼育しているそうです。自家製の餌にする牧草については彼のお父さんが信念を語ります。美味しいチーズのためには、山羊を健康に飼うことがどれほど大切か、と再認識させられました。

チーズの製造はティエリーのお母さんや妹、そして奥さんのナタリーら数人のスタッフで忙しくこなしています。ここの主力は2010年にソーヌ・エ・ロワール県を指定産地としてAOCを取ったマコネですが、続いてAOCを取ったシャロレ、そして伝統チーズではないですが短いわらをちょこんと刺した一口サイズのバラットも人気上昇中です。

山羊が好きで、山羊たちもシュヴネ家族が大好き。こんなに幸せそうな酪農一家に触れた余韻は、遠路日本に戻ってなお、思い返すたびに心を温めてくれます。

ティエリーの周辺には、自然に山羊たちが集まってきます

山羊小屋の周囲には広大な草原が広がっています

手前がマコネ。奥の背が高いのがシャロレ。
わらがさしてあるのはバラット

サロン・デュ・フロマージュには、いつも
夫婦そろって参加しています

シャウルス生産のトップランナー

Didier《ディディエ》 et《エ》 Juliette《ジュリエット》 Lincet《ランセ》

パリから南東へ電車で約1時間、かつて鉱泉の湧く保養地として栄えたサンスという町があります。パリへとつながるヨンヌ川のほとりです。そのサンスに程近い町サリニーには、口の中で溶けるような食感のシャウルスや、日本でも人気のフレッシュチーズ、ブリヤ・サヴァランをつくっているランセ社があります。90年代初めまでは力強い味わいの白カビチーズ、ブリ・ド・ムランもつくっていました。

本来、シャウルスの本拠地はシャンパーニュ地方、ブリ・ド・ムランの本拠地はイル・ド・フランスですが、これも地図を見れば、なぜ、ここブルゴーニュの入り口で作られているのか理由は納得。どちらもとても近いのです。さらにいえば、この二つのチーズ、凝固に通常より時間をかけるという製法上の共通点がありました。どちらが先に伝わったとしても、この地で共存することはたやすかったのでしょう。

１９９０年ごろ、真っ白なシャウルスは日本でもすでに人気でした。そのため、シャウルスの生産量ナンバーワンで品質も評判の高いランセ社と取引が始まり、パリから近いこともあったので訪問し、製造の様子を見せていただきました。

ランセ社の創業は１８９５年、イル・ド・フランス圏セーヌ・エ・マルヌ県でチーズ

ランセ社へとむかう道はおだやかな
田舎道でした

穏やかな人柄のディディエと女性スタッフたちの相談役をつとめるジュリエット夫人

シャウルスの生産量では
常にトップを走っています

右：ブリヤ・サヴァランにパパイヤをまぶすのは手作業です
下：白カビまとわせたブリヤ・サヴァランの名前は「デリス・ド・サリニー」。この中央にトリュフを挟んだものは絶品でしたが高価すぎて日本に輸入できないのが残念！

の熟成や販売を始めたといいますから、当時はブリやフレッシュタイプが主力商品だったのでしょう。サリニーに移転してからも伝統チーズを主力に扱う会社として成長を続けています。その後、ブリの生産からは手を引いたそうですが、21世紀の今もシャウルスの生産量は相変わらずトップを走り続けています。ただフェルミエとしてはその後の2001年、農家製シャウルスの復活を知り、そちらを応援したいという気持ちを5代目社長のディディエ・ランセ氏に話しました。すると快く理解してくださり、結局、同社とシャウルスの取引はなくなってしまいました。

それでも、フェルミエ創業の年から日本でヒットを続け、すっかり人気が定着したフレッシュで真っ白なブリヤ・サヴァラン・フレで、お付き合いは今も続いています。しかし、それまでフレッシュチーズとして名をはせていたブリヤ・サヴァランに熟成タイプが登場すると、市場も熟成物を求めるようになったのです。そして今度はその熟成タイプでパリのコンクールで毎年金賞をとるデュラン社との取引も始まりました。

ビジネスの世界では、どんなに信頼関係があつくても、義理ばかり言っていられない。そんな心苦しい思いを抱えていてもランセ社とのお付き合いが円満に続いてきたのは、ひとえにランセ夫妻の懐の深さだと思います。

女性従業員の待遇改善にも取り組んで、ますます発展

2015年にMOFコンクールの会場ですらりと長身のディディエと美人でチャー

ランセ社ファミリー。２人の娘たちもお母さんに似て美人です

ミングな夫人のジュリエットにばったりと会ったとき
「また来て。ずいぶん来てないでしょ」

と誘ってくださるので、早速その年の9月に訪ねました。パリから近いのでいつでも、と思っていたものの、気が付いたらもう25年以上も行ってなかったのです。

四半世紀ぶりのランセ社は、前回45人だった従業員数が１６５人に増え、パリの舌を支える中堅チーズメーカーとして立派に成功の道を歩いていました。ＡＯＰのシャウルスで市場トップを走り続け、牛乳農家との古くからの信頼もゆるがず、輸出も拡大していました。ジュリエットは４人の子どもの母親という立場から、全従業員の30％を占める女性従業員たちが家庭と仕事を両立できる仕組みづくりを、まずは自社のランセ社で、そして地域の他社にも広げていると話してくれました。

今、ランセ社からフェルミエに届く一番人気は、フレッシュなブリヤ・サヴァランにドライパパイヤをまぶした、ブリヤ・サヴァラン・ア・ラ・パパイヤです。きらきらとオレンジ色の果実が宝石のような輝きを放ち、チーズケーキのような美味しさで一気にブレイクし、日本の女性たちをとりこにしています。プレーンのフレッシュタイプも、自分でアレンジできるからと、チーズ好きからの人気は衰えていません。

家族経営が多いチーズの世界ですが、ランセ夫妻のように、チーズと人事、それぞれが持ち場を分けて堅実に仕事を重ねる中堅企業は、今後も安定した成長を見せると確信しながら帰路につきました。

木製の社屋で手作業のチーズ作りをスタートしたのは2000年。あっという間に金賞の常連に

ワインの世界遺産地区からチーズ発信

PHILIPPE《フィリップ》 DELIN《デュラン》

ブルゴーニュの黄金の丘として有名なコート・ドール地域は、２０１５年、中世から続くブドウ栽培とワイン作りの傑出した事例としてユネスコの世界遺産に登録されました。チーズ会社ながら、この地に観光客が増えることを喜んでいるのがデュラン社の社長、フィリップ・デュラン氏です。彼は私がこれまで会ったチーズな人の中でもかなりのやり手で、美味しさはもちろん大前提ですが、そのチーズをもとに、ビジネスとして桁違いのスケールを目指しているようにも感じます。

デュラン社の創業は１９６９年、フィリップの両親がディジョン近くで酪農工場を作ったことに始まります。ボトル入りの牛乳からフレッシュチーズの製造へと発展し、80年代にはそれまでブルゴーニュ地方で盛んに作られていたブリヤ・サヴァランタイプの製造・販売もはじめ、一躍人気を集めます。さらに１９９４年にフィリップが製造責任者になると、さらなる改革が始まりました。製法を伝統的手法に戻していったのです。

手間と時間はかかるようになりましたが、デュラン社のブリヤ・サヴァランの評判は少しずつ上がり始めました。２０００年には大きな投資をしてチーズ工場を新設。

グルメなフィリップとシャトーレストランで。
ちょうどフィリップの誕生日だというので、
チーズにキャンドルを立てて、一緒にいた
みんなでお祝いしました

伝統的製法でブリヤ・サヴァラン・アフィネを完成させ、金賞を連続受賞

2014年に竣工した新工場。コート・ドールの一角からチーズを発信します

アメリカやカナダへの輸出に力を入れはじめます。その後、市場が熟成タイプのブリヤ・サヴァランに重心を移し始めると、その波に乗って2003年の大きなコンクールで銀賞、2004年には金賞を獲得。その後も安定して金賞を取り続けるようになりました。

フィリップが如才ないのは、この成績をチーズの専門誌の裏表紙に広告として出すことで人々の脳裏にブリヤ・サヴァランといえばデュラン社と焼き付けたことです。これでデュラン社のブランドは不動のものになり、同時に輸出用にパッキング技術も進化させ、2007年からはアメリカ、カナダへの輸出量も大幅に伸ばしました。

彼は背が高く大柄で、そばに立つと威圧感もありますが、いつもニコニコとして、ワインも美味しいものも大好きです。訪ねていくとそれは素晴らしいシャトーレストランでもてなしてくれますし、美味しいワインを無理やりでも持たせてくれます。

2012年に訪ねた社屋は、木造の味のある外装で自然環境にも恵まれた気持ちの良い場所にありましたが、そのとき彼はもう、次の展開を考えていました。生産量をもっと伸ばすために再び巨額な投資をして工場を建てるというのです。

2014年10月、世界遺産の登録に先んじてコード・ドールの一角に新工場が竣工。招待状が届いたものの出席はかなわず、後日訪ねてみると、周囲に何もない広大な敷地にそれは大きな箱形の工場が建っていました。以前の工場では手で型入れしていたものがすべて機械化され、生産効率は上がり、従業員の作業も軽減されています。軟らかい生地の反転作業も見事に機械化を実現させていました。すごいなと思うのは、それでいて金賞レベルの品質をキープしていることです。これは一般的に言えることでもありますが、以前のように工場製の味にがっかりすることは、最近では本当に少なくなりました。

工場そのものは殺風景で世界遺産の景色にそぐわないような気もしましたが、フィリップは一向に気にする様子はありません。それより、これから訪れるであろうたくさんの観光客にチーズの立場で何ができるかを考えているのかもしれません。

人の一生でここまでと思えるほど早足に規模拡大を実行する行動力と、美味しさを追求する食いしん坊が健在である限り、きっと世界遺産の地にふさわしい美味しい企画をブルゴーニュから発信してくれると期待しています。

上：従業員の労働は軽減され、フィリップはこれから世界を目指します
下：反転作業もロボット化されていました

Auvergne

オーヴェルニュ 大自然と共存するチーズな人々

中央山塊を擁するオーヴェルニュ地方といえば、豊かな森と湖、火山に温泉、そして美味しい水の水源地もあります。この大自然から生まれるチーズは、星付きレストランや一流チーズ店にとって欠かせません。

一方、どこにいてもオーヴェルニュを誇り、愛し、語るのがオーヴェルニュ人です。したがって彼らに故郷のチーズを持たせたら、黙っているはずがないのです。

美味しい物作りの伝統は、地元の人々の思いが支えている。そう思うのも、現地を訪ねてみて、つくづく人が人として温かいと感じさせてくれるからです。

● フルム・ダンベール
● ブルー ・ドーヴェルニュ
● サン・ネクテール
● カンタル
● サレール
● ガプロン

（●はこの章で触れているチーズ）

右：サレールの町。中世の面影が美しい
左：サレール牛のステーキは上質のごちそうとして名高い

伝統文化の中で、新時代のチーズを語る

私がチーズを作っている農家やその背景に直接触れたいと思って旅に出るようになったのは1980年代も後半です。まずは有名なノルマンディー。さすがに豊かな牧草地に恵まれて、牛にも人々にも余裕が感じられました。その後、パリの奥庭といわれるロワールでは、数多くの城が世界から観光客を呼ぶ華やかさの中、小さくかわいい形のシェーヴルは農家製といえども洗練されていましたし、アルプスの麓サヴォワでは、自然の力強さを背景に、チーズに貫禄さえ感じました。

そんな中、初めてオーヴェルニュに立ち入った1989年の秋、私は、他のどことも違う田舎らしさに胸が躍ったことを今でも覚えています。

たとえば中世の面影があって「フランスの美しい村」にも登録されているサレール。同名の1個40キログラムもあるチーズ、サレールや、肉牛のサレール牛の存在。さらにサレールとそっくりながら、生産量がぐんと多いカンタルが、廃線になった鉄道のトンネルに何千個と眠っているかと思えば、穴蔵にわらを敷いてその上に裸のサン・ネクテールが並べられていたり。ここではすべてが驚きの連続でした。

世界のグルメやファッションをリードするパリと同じ国に、これほどゆったりとした時間軸で進んでいる落ち着いた田舎があるなんてと、それは衝撃を超えて感動と言ってもいいかもしれません。

しかし、その9年後の1998年、EU統合という時代の波をテーマにした「新制度AOPチーズのシンポジウム」の第2回目が開かれたのも、ここオーヴェルニュのベスという町でした。ベスといえば穴蔵のサン・ネクテールで私に衝撃を与えたサン・ネクテールの中心産地。シンポジウムではフランス語のほかに英語、イタリア語、スペイン語の同時通訳も入り、牛の飼料からチーズの道具まで幅広く議論されるのです。会期中にはいくつかのグループに分かれて現場見学に出かける企画もあり、他の参加者と話したり、サン・ネクテール農家を訪ねることも出来ました。

私はこのとき、イギリスのシングル・グロスターの作り手やベルギーの伝統チーズ、エルヴの生産者と出会いました。世界の伝統チーズの生産者と新たに縁が結ばれたインターナショナルな体験を思い出しては、オーヴェルニュとて、時代と共に歩んでいる町だったと認識を新たにするのです。

チーズも人も安心のおつきあい

Olivier《オリヴィエ》 Paupert《ポペール》

フランス産ブルーチーズで最も有名なのは今も昔もロックフォールですが、日本で

外観は近代的なラカイユ乳業ですが、
働く人の心は温かい

チーズ初心者に人気の高いブルーといえば、牛乳製ということもあって、ここオーヴェルニュのフルム・ダンベールです。ねっとりとしてマイルド、その中にかすかにピリッと青カビのアクセントが程よいのでしょう。その控えめな青カビチーズはオーヴェルニュのラカイユ乳業が作っています。

私はいつも作り手の見える小規模な農家製チーズを中心に探していますが、その理由のひとつに、作り手の見えない大量生産された工場製の個性のない味わいに、なかなか満足できないことが挙げられます。けれど、ラカイユ乳業のチーズは、このフルム・ダンベールだけでなくブルー・ドーヴェルニュや新規開発のどのブルーチーズも最初から感動ものでした。

同社の設立は１９４９年。１９７１年に協同組合となってメメ（Mémée）のマークを登録しました。親しみをこめて呼ぶ「おばあちゃん」という意味です。規模が大きなっていく途中、一時このマークをやめて「ラカイユ」のマークをつけたそうですが、クレームが相次ぎ、再びメメと呼ぶことになったとか。親しみ深さを感じさせるのは、最初の私たちの担当バラさんも同じです。いつもニコニコとやさしく、頼りがいもあって、そのうえ顧客を取引の規模の大小に関係なく平等に扱う人でした。彼の定年後、新たに担当になったオリヴィエ・ポペールさんも同じ営業姿勢。会社の持つ空気感は大きいと思います。

もう少し具体的な例があります。たとえばラカイユの町にある本社工場を訪ねると、

誰にでも分けへだてなく接するラカイユ乳業のバラさん（左）

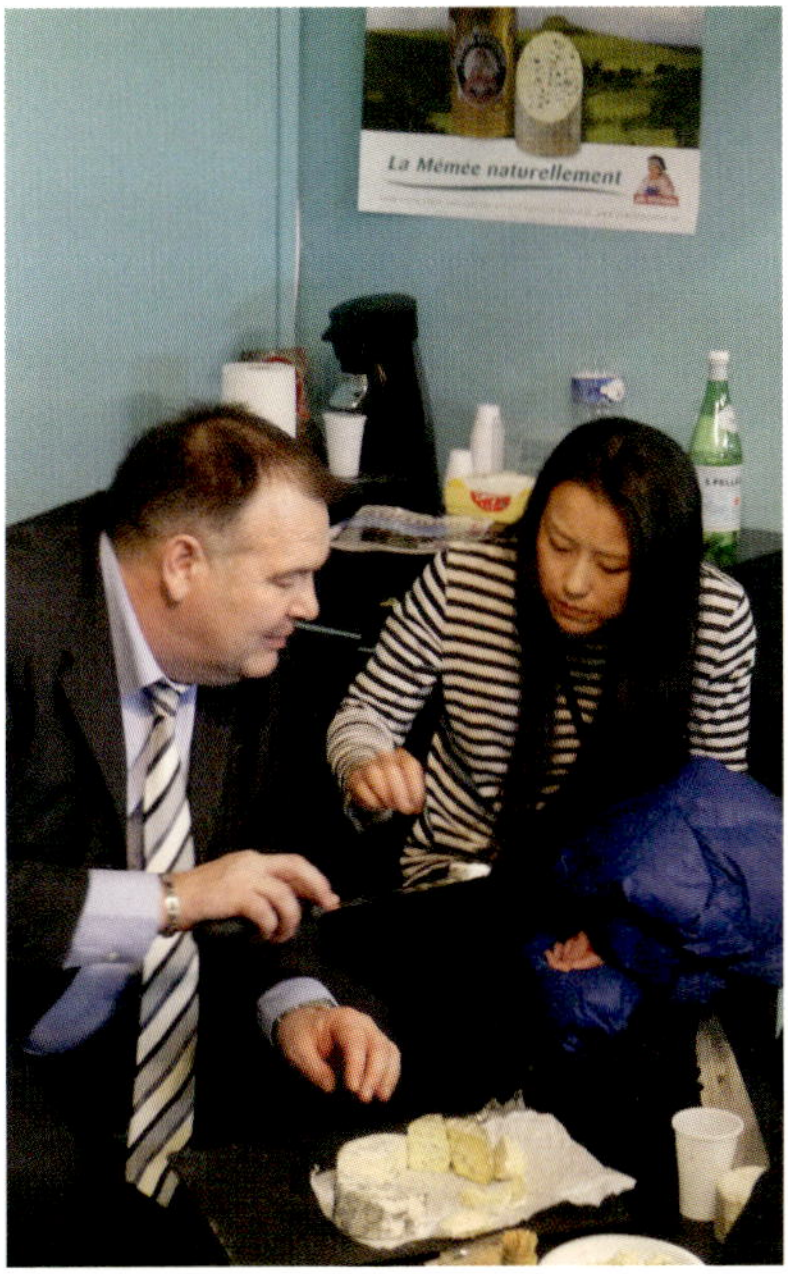

現在、担当してくれているオリヴィエさん（左）。
商談も安心して、なごやかに進みます

AOPの青カビチーズ、フルム・ダンベール（左）
とブルー・ドーヴェルニュ（右）

いつもニコニコのオリヴィエさん

いつも彼らは「お腹がすいているだろうから」とカフェとクロワッサンの朝食を自分たちで用意して待ってくださるのです。さらにオリヴィエは、２００８年から原点に戻って無殺菌乳製のチーズ作りを始めたことを、私たちに純心な笑顔で嬉しそうに話しかけてきたりもします。

ラカイユ乳業は半世紀を経て会社の規模こそ大きくなりましたが、１軒あたり30～50頭という小規模農家からミルクを買い集める地元密着姿勢はちっとも変わりません。そのうえ作るチーズは品質が安定していて、フランス中のチーズ専門店からの信頼も大。ついついひいき目に見てしまうのです。

サン・ネクテールが好き、日本が好き

Alain《アラン》 Garmy《ガルミー》, André《アンドレ》 Bruel《ブリュエル》

オーヴェルニュ人で次に知り合ったのは、会社は小さくても情熱の塊を持っていて、人の面倒見のとても良いアラン・ガルミーさんです。オーヴェルニュのいろいろなチーズを集めて熟成販売するほか、「ガプロン」を復活させて製造・販売している１９９２年創業のアントワーヌ・ガルミー社の社長です。にもかかわらず、自身のお気に入りチーズ、サン・ネクテールのことになると、自分のガプロンそっちのけでしゃべり続けます。彼は、わらの上で熟成中に白、赤、黄のカビの花を咲かせるサン・

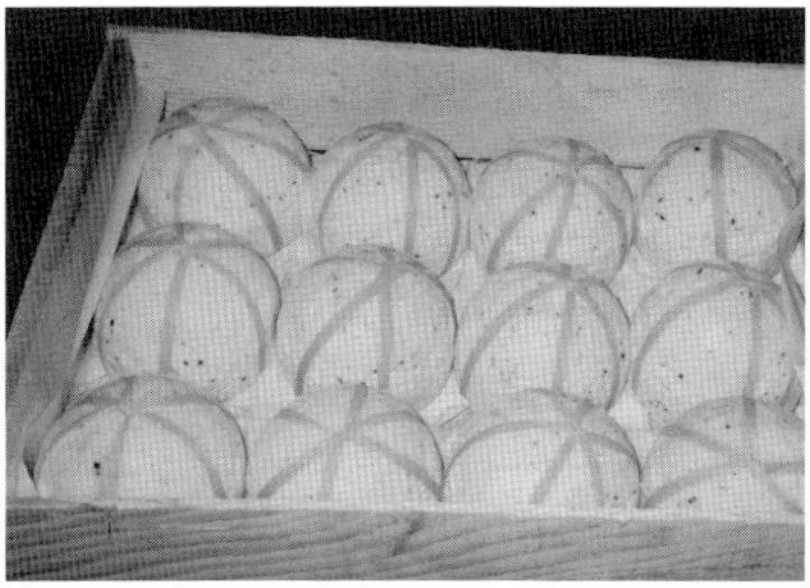

アランの自社チーズはこのガプロン

ネクテールのことを楽しそうに私に話して聞かせ、オーヴェルニュを訪ねるとまず第一に、その熟成現場である穴蔵に私を案内してくれたのです。1996年のことです。おかげで、彼の会社を初めて訪ねたのはぐんと遅れて2005年。翌年は私の会社の20周年のパーティーに来日してくれるほど親交は深まり、その後の2010年に再訪。このときも彼はサン・ネクテールの穴蔵に私を案内してくれました。そしてEU統合後、衛生、衛生と言われて姿を消したと思っていたわらの上のサン・ネクテールに驚く私を見て、「ここは何も変わらないさ」と自慢げに言うのです。

ところがそれからしばらくして彼は持病が悪化し、数年前からはついに車椅子の生活になってしまいました。それでも、パリのサロンなどには姿を見せるので、来ていると聞くや、私は必ず会いに行っています。

そんな彼に代わって、今、オーヴェルニュのチーズを手配してくれているのが、パリのランジスに大きなカーヴをもつアンドレ・ブリュエルさんです。彼は空手の黒帯も持つ大の親日家。「日本は大好きな国だから」といつも好意的に迎えてくれます。ランジス市場にある彼のカーヴの前には、オーヴェルニュから届いたカンタルやサレールは裸で、サン・ネクテールは木箱に詰められて、ずらり。どれもこれからパリをはじめとする全仏、そして海外へと出荷されるのです。

ここに届く前、これらのチーズはオーヴェルニュの廃線になったトンネルの中で適度な湿度と温度に守られながら眠っていました。オーヴェルニュにはこうしたトンネ

車椅子でも元気なアラン

アランがガプロンより愛する（?）「穴蔵で熟成させる
サン・ネクテール

アンドレのチーズはオーヴェルニュの
トンネルに眠っています

廃線の駅舎。線路も取り払われて、ただの家
のように見えます。トンネルはこのむこう

黒帯を持つ親日家アンドレ・ブリュエル

エルヴェ・モンス。トンネルを改装したカーヴは緩やかに曲線を描いています

ルがいったい、いくつあるのでしょう。残されたトンネルの近くにある無人駅、人気のない湖や森。訪ねると思わず記念撮影をしてしまう美しさです。かつての繁栄を思いつつ、チーズの熟成庫としての利用を思いついた人に拍手を送りたくなります。

チーズ界のスターが仕掛けていること

Hervé《エルヴェ》 Mons《モンス》

そんなトンネル利用のおしゃれな事例が、チーズの第1回ＭＯＦ受章者であるエルヴェ・モンスさんのトンネルでしょう。

彼は、もともとチーズ商として知識や技術の実力もある人で、何度となく来日して見せる営業センスも卓越していました。きっかけはリヨンの三ツ星シェフ、トロワグロ氏に見出されたことだったかもしれませんが、受章から十余年の間に他の誰よりも活躍の場を広げ、成功を収めているのはまさしく彼自身の力だと思います。

彼が素晴らしいのは、いつも笑顔で社交的。どんなときもいやな顔をせず、平等に人と接することです。おかげで今や世界中にファンを持つチーズ界のスターと言っても過言ではないでしょう。さらに彼はチーズ商たちのさらなる技術力向上のためにコンクールを企てました。奇数年にリヨンで開催されている食の祭典「シラ」で、料理人なら「ボキューズ・ドール」、お菓子なら「クープ・デュ・モンド」といわれるところ

右：チーズの陳列は相変わらず見事
左：トンネルの端にあるテイスティングルーム。自然光が気持ちいい

にチーズ商のコンクール「カゼウス・アワード」を作ったのです。

日本からも選手をと、私に相談があったのが２００４年。翌２００５年に第1回、続いて２００７年、２００９年と続く間、世界から集まった参加者たちにバックヤードで気持よく協力している姿勢を見て、多くの人々に好かれるのも無理はないと改めて感じ入ったものです。

２００５年に訪問した彼のアトリエは、チーズカーヴを、土を盛ってまるで自然のカーヴのようなつくりにしていました。熟成中にチーズから出るガスが程よく抜けるような工夫もあって、これは自然以上の配慮でした。

さらに驚いたのが２０１０年に訪問したトンネルの熟成庫です。

１９１０年に作られたその鉄道は、二つの世界大戦を挟んだのち、輸送手段としての主役の座を車に取って代わられます。廃線となったのが１９４９年といいますから、それからの長い間、トンネルは置いておかれたままでした。

エルヴェのトンネルは全長２１０メートル。カーブもあれば軽い上り坂もあります。中の改装に当たっては、18カ月間の時間を費やして各分野のプロと話し合い、できたのが、美しいカーブラインを生かした五つのセクションと棚です。天井にはエピセアの板を使って水滴が落ちない工夫が巧みになされ、地下には熟成時に発生するガスの排気口があり、と配慮にもセンスにも、いったいいくつため息をついたことでしょう。

トンネルをコツコツと歩いて行き着いた先には、センスがいっそう際だつテイスティングルームがありました。トンネル熟成庫の設計図やここでの仕事の様子が大きなモニターに映し出されています。続いて熟成のセミナーや試食、そして食事まで用意されていました。エルヴェは言います。

「このセミナールームの向こうはテラスだけど、その先はまだ木々が茂っているんだ。これを近いうちに駐車場にして、もっと多くの人にセミナーを受けてもらえるようにしようと思っている。ただし、熟成庫の見学はプロ限定だけどね」。

チーズの熟成のさせ方、提供の仕方、食べ方の提案など、チーズに付加価値を与える仕事はこれからますます注目されるでしょう。オーヴェルニュの大自然は、今やチーズだけでなく、そこで研鑽する人々も懐深く包みこんでくれる場所になっていました。

心温まる交流が続く作り手たち

Monique《モニク》 Lenègre《ルネーグル》, Henri《アンリ》 Rouchy《ルーシー》

オーヴェルニュを語るとき、ビジネス抜きで欠かせない人がいます。サン・ネクテール農家のルネーグルさんと、サレール農家のルーシーさんです。

サン・ネクテールは、どのチーズでも農家製が減りつつある現実の中で、全生産量の４割以上が農家製と奮闘しているチーズです。農家数は２０１０年当時で２６０軒。

ルネーグルさんのアトリエは
家に併設されています

徹底した効率化を目指し、3人
で作れるようにしたそうです

「酪農家の暮らしって似てるわね」「あ、この日本人、知ってるわ」と会話が弾みました

石造りのルーシー家

1989年から7年ぶり。あのときの
少年マルセル君はすでに青年でした

築200年のおうちでもてなして
いただきました

ルーシー家のカーヴに眠るサレール

道路を行進するサレール牛たちと遭遇。
フランスではよくあることです

残りの6割を工場5軒で生産しています。

そんな農家製サン・ネクテールの作り手を代表して、２００5年に北海道で開かれたチーズ会議に来日したのがルネーグル夫妻でした。その5年後の２０１０年にご自宅を訪問したときに聞いた話は、時代の流れを如実に表しています。

ルネーグル夫人によると、彼女がお嫁に来た１９７０年代はチーズは台所で製造していたそうです。その後１９７９年のＡＯＣ法令で仕様書ができ、１９９０年以降、樽は木製からステンレス製へと、次第に制約が厳しくなっていったそうです。手作り農家の規模ではアトリエの拡大も容易ではなく、今では飼育数２００頭のうち80頭から乳を搾るものの一度に作れるチーズは70個が限界。残りの牛乳は乳業会社に売っているそうです。

さらに驚いたのは、なんとこの少し前に、ここで日本の若手酪農家がチーズの研修を受けていた、というのです。それも写真を見ると、なんと一緒に日本から行った酪農家夫妻の知り合いではないですか。世界は狭い！とびっくりです。日本人がこうして日本からこんな地方まできてチーズを学ぶ時代になったとは、私が初めてオーヴェルニュを訪ねた20年以上前のことを思い出してしまいました。

ところで、私のチーズの作り手を訪ねる旅に弾みがついたきっかけは、実はここオーヴェルニュのサレール製造農家ルーシーさんとの出会いでした。１９８９年の秋、初めてのオーヴェルニュで日が暮れかけたころ、たまたま「農家製サレール製造・販

ルーシー家の庭には鶏たちが
自由に遊んでいます

売」という道端の看板をクリスチャンが見つけました。夕暮れの明かりがともる古い石造りの小屋に引き込まれるように近づくと、まさに夕方の仕込みが始まるところでした。さすがに東洋人の突然の訪問には戸惑ったようですが、見学は快諾してくれました。

そのとき、ルーシーさんのセーターの袖口はほつれてボロボロ。いかにつつましく暮らしているか、一目で分かりました。家のそばの草地にいるサレール牛たちのほかに、庭には犬、猫に続いてうさぎ、アヒル、鶏、豚までが姿を見せる農家です。きっとほとんど自給自足なのでしょう。それなのに、突然の客を築２００年以上というまるで博物館のような自宅に招き入れ、食前酒まで添えてサレールをごちそうしてくださったのです。

心にしみる温かな歓待は一生忘れられない一こまとなっただけでなく、この出会いのおかげでオーヴェルニュが大好きになりました。それから20年以上、交流は今も続きます。数年おきの訪問で、後継者のマルセル君が頼もしく成長している姿を見るのも嬉しい限りです。

オーヴェルニュは、人がいい。チーズを作る人、熟成する人、世界の窓口になる人。会社組織でも、地元の人々にも支持されて、まるで一つのチームのように同じ温かさで付き合いが続く人たち。チーズをきっかけに得がたいものをたくさんいただいた場所だと思っています。

Aveyron

アヴェロン
石灰台地と谷間の物語

ミディ・ピレネー地方は大西洋と地中海に挟まれたフランス南西部に位置し、その内陸部にある8つの県で構成されています。美しい大自然、かわいい小さな村、いくつかの世界遺産に加え、フォワグラ、鴨、ワインにチーズと、食通たちにとっても見逃せない場所です。

世界的に有名な青カビの「ロックフォール」は、ミディ・ピレネー北東のアヴェロン県の石灰台地にできた自然の洞窟から生まれます。

永年変わらない大自然の装置と、それを取り巻く人々の思惑。アヴェロン県では「ロックフォール」だけでない地元のチーズにかける人の熱い思いにも触れました。

● ロックフォール
● ブルー・デ・コース
● ライオル
● ペライユ
ロカマドゥール
（●はこの章で触れているチーズ）

〝洞窟のおかげ〟で生きる人々

「ロックフォール村の洞窟で熟成させたものだけを、ロックフォールと呼ぶこととする」。

14世紀、時のフランス国王シャルル6世が〝不毛な土地柄の救済策〟として出したこの宣言から、青カビチーズのブランド化は急速に成功の坂を上りはじめました。

ロックフォール村（正式にはロックフォール・シュール・スールゾン村）。それはアヴェロン県の標高800〜1200メートルの石灰岩の台地の一角、コンバルウ山の壁面にしがみつくように建物が並ぶ一帯です。建物の背面はそのまま自然の洞窟、すなわちチーズの熟成に適した湿度と、温度と、フルリーヌと呼ばれる通気口の三拍子がそろった空間へと続きます。

青カビを含んだ羊乳製チーズがこの洞窟で熟成されて生まれる味わいは、シャルル6世以降の歴代の王たちをも虜にしました。そしてヨーロッパ、世界へと時代を下るほどに市場は広がりを見せていきます。

この石灰台地は、その昔の地殻変動でできた巨大な台地群で、全体をさしてコース地方とも呼びます。したがってこの地方にはロックフォール村のコンバルウ山以外に

ロックフォール村で知られる「ロックフォール・シュール・スールゾン」。左後ろがコンバルウ山

も洞窟はあり、例えばブルー・デ・コースという牛乳製ブルーチーズなども作られています。しかし、そのブランド力では、残念ながら同じＡＯＰを持ちながらもロックフォールに遠く及びません。

ミディ・ピレネーに行くならロックフォール村。洞窟でチーズ熟成という神秘的なイメージ戦略ですでに観光地としても知られていたこの村を、初めて訪ねたのは１９９３年のことでした。最初はまず、洞窟のある台地の上に立って、風の強さや大きな樹木が育たない土地の不毛さを実感しました。草原の中に、かつての羊飼いの石造りの小屋を見つけてちょっと興奮したことも覚えています。下をのぞくとロックフォールの会社の社屋がずらりと並んでいました。

当時から洞窟を一般公開していた最大手のソシエテ社の話では、このころの話ですでに年間20万人の見物客が訪れていると聞きました。洞窟の中には裸のチーズが木棚にずらりと並ぶ風景が臨場感いっぱいに見られ、見学の最後に試食するころにはすっかり見学者のハートはつかまれる、という見事な設定です。当時、撮影は禁止でした。

洞窟を離れ、チーズ製造工場を見せてくださったのはパピヨン社でした。浅いお風呂のようなステンレスのバットに羊乳と青カビの素を入れ、凝固剤で固め、型入れや反転は機械。合理的な工場でした。

羊乳はまだ、年間いつでも手に入る、というところまでは人間がコントロールしていないため、自然のサイクルで冬の出産を待ち、その後に始まる搾乳期間の12月中旬から6月までしかチーズ製造工場も稼働しないのです。

それでも今、通年、私たちの手に入るようになっているのは、製造後の温度管理技術が発達したおかげです。人が動物の都合に合わせるというこんな努力を、私はちょっと嬉しく思っています。

大手の役割、小社の流儀

1997年、再びロックフォール村を訪ねました。前回は、洞窟の神秘と近代工場とのギャップに少し鼻白んでしまいましたが、このとき訪ねた小規模経営のカルル社は逆に、あれもこれも手作業です。カードを小さなスコップですくって型に入れたあと、青カビを振りかけては両手でざくざくと混ぜるなど、それにしてもあまりに原始的に見えます。特別に入れていただいた洞窟では、天井から裸電球がぶら下がり、足元の階段は濡れてつるつると黒光り。時代が逆戻りしたようでした。規模の小ささもあるでしょうが、安易に近代化に走らない姿勢には胸打たれるものがありました。

しかし、EU統合の波はひたひたと押し寄せていて、このあと1999年にロックフォール村を訪れたときは、ちょうど木の棚に裸のチーズを置くことが禁止されているときでした。そのとき見学したパピヨン社の洞窟ではチーズがブルーのプラスティック籠に入れられていて、さすがに興ざめしてしまいました。

AOCの基準はその後何度も見直され、今では木製棚に戻りました。でも市場競争

右：ロックフォール最大手、ソシエテ社の入り口
左：ソシエテ社も、今は撮影OKです

は徐々に激しくなり、１９８４年に16社あった会社も93年の10社を経て、２０１４年には7社。今では17世紀からの洞窟を使っているのは１５０周年を越えたソシエテ社のみとなりました。

そのソシエテ社の見学コースを２０１４年、久々に訪ねました。夏ともなると駐車場には60人乗りの大型バスがズラリと並ぶ一大観光スポットとしてますます隆盛を極めています。これもトップ企業の役割です。チーズ一つでロックフォールほど人を集めるところを私は他に知りません。

いっそう充実した屋内に入ってまず眼に飛び込んでくるのは１００万年前に岩山が崩れて自然の洞窟ができた様子を見せる可動式のジオラマでした。まるでテーマパークのようで、子どもでも分かる楽しさです。続いて昔のロックフォール作りのポスターや「ロックフォールの誕生から製造、熟成まで」を物語るビデオ、さらにはフルリーヌからの微風を肌で感じさせてくれる一角もあります。

手付かずの岩肌をそのまま生かした通路を歩きながら、ガラス越しにカーヴの中を見たり、古い道具を見たりしたあとに、いよいよ試食。「さすがに美味しいね」。こうして、またまた見学者はロックフォールの魔力につかまってしまうのです。

ロックフォール村の後ろにそそり立つコンバルウ山の中の洞窟は、幅３００メートル、深さ３００メートルで11階層に分かれ、回廊は全長2キロメートルもあります。現代まで生き残った7社はこの空間をシェアし、それぞれのロックフォールを熟成、出荷しています。かつてはこの中でチーズ作りから熟成まで行なわれていましたが、何万個も熟成させるようになってからはチーズは周囲の山や谷で作られ、この洞窟は熟成のためだけに使われるようになりました。

したがって、熟成前のチーズ作りでは会社によってオーガニック、減塩、青カビの種類、工程などの〝ウリ〟は様々で、それらがまたおのおののブランドに成長したのです。ロックフォールが、他のチーズよりブランドを重く扱うのはそんなことが理由なのかもしれません。

市場1％をキープして次世代に継ぐ

Jacques《ジャック》 Carles《カルル》
Delphine《デルフィーヌ》 Carles《カルル》

並み居るブランドの中で私が特に親交を深めてきたのは、97年に手作業でカビを振っていたカルル社です。

カルル社は小さな会社で、ソシエテ社がロックフォール総生産量の70％のシェアを占めるのに対してカルル社はわずか1％。それでも93年に初めてパリで会った2代目社長のジャック・カルル氏は含蓄のある微笑をたたえた白髪の熟年紳士で、周囲が次々と世帯交代を進めていくだけに、ロックフォール界の重鎮のようでした。手作業にこだわり、品質は一級。フランス国内だけでなく日本でもその名声を聞くブランド

2008年、ジャックは娘のデルフィーヌに経営をバトンタッチしました

でもありました。

97年に初めて見せていただいた製造も洞窟も衝撃的でしたが、その後何度訪ねても、時代の波に左右されない手作業、落ち着いた経営姿勢に、私はいつか彼に、歴史あるロックフォール村の伝統まで背負うオーラを感じるようになりました。

日本からツアーを組んで行くと、旅程が狂って約束に遅れることもありましたが、彼はいつもいやな顔一つせず、私たちにいつもその季節の美味しいものを勧めてくれます。

そんな彼の後を継いだのは、4人いた子どものうちの末娘、デルフィーヌさんです。彼女自身の子育てがやっと一段落したころ、気が付くともうパリのサロン・デュ・フロマージュにジャックの姿はなく、あいさつをするのは営業担当者とデルフィーヌだけという構図になっていました。ジャックはきっと安心してリタイアしたのでしょう。デルフィーヌはパリで会うと必ず「いつになったら来てくれるの?」と親しく誘ってくれていました。2011年に新しい工房が完成してからはいっそう力が入ります。

やっと念願がかなって2014年に再訪。久々の洞窟では、相変わらずベテランの熟成士たちがチーズを見守るなか、私たちは濡れた足元に気をつけながら、満足いくまで写真を撮らせてもらいました。地下1階はチーズに針で孔を開ける作業場、地下2階から4階まではカーヴです。従業員たちはすず箔（錫）の包みをはがし、チーズの外皮のぬめりをナイフでそぎとって半分にカット。カビの状態をしっかり確認して出

新しい工房はなんとモダン。でも中では相変わらず手作業が続いていました

「カビはこうやってチェックするのよ」と
3代目デルフィーヌが見せてくれました

カルル社では、カードを手作業で型に入れると
青カビのもとをササッと手で振り掛けます

出荷前、2つに割って断面のカビ
を確認します

洞窟の中では、熟成前のチーズをすず箔で包む作業も見ました

荷へと作業を進めていました。

驚いたのは、そのあとに向かった工房です。殺風景な乾いた大地に突如現れた体育館のような建物。新しくできたこの工房の天井はアーチ形で外観はレンガ色と、見るからにモダンです。ところが中に入ってみると、原乳を固める入れ物こそ大きいものの、作業はどれもこれも、カビの振り掛けもやっぱり手作業でやっているではないですか。

「ちょっとやってみる？」

とデルフィーヌ。こんな重要な仕事を私がしてよいのかと一瞬迷いましたが、せっかくなので差し出されたカビの容器を受け取ってサッ、サッ、サッ。引退しているジャックもわざわざ会いに来てくれました。

それにしても、創業以来、機械化を進めて生産量をあげようと考えたことはないのでしょうか。3代目のデルフィーヌに水をむけると

「え？　こうやって作るからロックフォールなんじゃないの？」

と、まったく野心はない様子。そんなことより温度保持効果の高いステンレスや、木製の道具にこだわり、伝統を守って美味しいロックフォールを作り続けることが一番、と改めて教えられた気がしました。これが、小さくても時代の波に流されもつぶされもしない1％の持続力なのでしょう。

AOCの取得を目指すペライユ

チーズを核に、過疎化から地元を守りたい

Jean《ジャン》-François《フランソワ》 Dombre《ドンブル》

ミディ・ピレネーといえば、アヴェロン県の自然洞窟のロックフォール。この大きなブランドの陰には、実は様々な物語が繰り広げられています。もともと石灰岩質のカルスト台地では十分な農作物を得るのがむずかしく、草で育つ羊の産業は貴重です。羊の乳を搾って工場に運び、それがロックフォールになって世界に届けられる。これは地元の農家の生きる大きな道。しかし、逆に言えば、ロックフォール産業にかかわらない生き方は、農家としては相当の難儀な道となる、ということでもあります。

ロックフォールはＡＯＰの規則に則っているので、原料乳の集荷エリアも限定があります。あるときはそれが広げられ、あるときはそれが狭められ。そんな時代に翻弄される歴史を見てきたこの近郊の羊農家は、「ロックフォールに振り回されない生き方はできないのか」と考えるようになりました。

また、生身の動物を飼っている農家には、羊乳の搾乳量がいくら減るとはいえ、ぴたりと工場が止まってまったく乳を買ってもらえなくなる期間があることも痛手です。

一方、昔からの羊乳文化を継ぐ農家には、家庭で食べるための「ペライユ」という小さなチーズがありました。これなら、農家ごとに少ない乳量でもチーズが作れます。

暑い日差しから逃れて、木の下に集まる羊たち

20年前のドンブル一家

「このブタ、美味しいんだよ」と子どもたち

ミヨーの町の向こうにミヨー橋が見えます

これをてこに、ロックフォールに頼らない自立した農家になりたい。そのために政治家も巻き込んで活動しているのがドンブル一家です。

ご主人のジャンフランソワ・ドンブルさんは、2004年に開通した世界一高い高架橋のミヨー橋や、アメリカがフランスの農産物に課税したことに講義して建設中のマクドナルドを破壊した事件などで有名になったミヨー近郊で生まれました。ご両親はここでかつて盛んだった羊皮製の手袋職人だったそうです。ジャンフランソワは、一度はパリで仕事に就きましたが、夫人のロジーヌさんと共に1981年、過疎化の進む故郷に戻りました。その後チーズ作りを修行して1982年に古い農家を買い、少しずつ手を加えながら羊小屋も作りました。1984年にはいよいよチーズ作りをスタート。彼の住むカバスはすでにロックフォールの集乳指定地域からははずれていましたが、もともと、そうではないチーズ作りをしたいと思っていたそうです。そのために、彼はなんとしてでもペライユをAOCチーズにしたいのです。

彼と知り合ったのは1996年の冬、パリのサロン・デュ・フロマージュでした。羊乳らしさがよく出た個性味あふれるペライユに感動し、早速97年の初夏に彼のもとを訪ねたのです。広大な台地にぽつんと建つ家屋には、ドンブル夫妻のほかに10歳、7歳、4歳の3人の子どもたちが学校を休んで待っていてくれました。子どもたちは遠来の客を羊小屋に案内して羊の世話をゼスチャーで教えてくれたり、飼っている豚を「おいしいのよ」と紹介してくれたり。おかげで一気に仲良くなれました。

孫と一緒に日本の国旗を持って待っていてくれたジャンフランソワ

ご主人のジャンフランソワは、ペライユをまずフランス国内でＡＯＣチーズに昇格させようと仲間を集め、協会を作りました。その理事としての仕事でこの日も忙しそうでした。その留守を預かるロジーヌも村議会の役員と聞いて、この夫婦の取り組みは、自分たちのためというより、地域を活性化して過疎化や衰退を止めたいという地元愛から来るものだと、改めて考えるようになりました。

その後も偶数年に行なわれるサロン・デュ・フロマージュには、ちょうど学校がスキー休暇中と重なるため、ドンブル一家は家族総出でパリに来続けています。おかげで私も継続的に彼らの活動や成長を見聞きすることができるのです。

最近では、大手のロックフォールメーカーまでが、ペライユそっくりのサイズでクリーミーな羊乳製チーズを「ペラック」という別名で作るようになりました。それでもジャンフランソワはペライユがＡＯＣになることの価値を諦めず、粘り強く政治家を味方にし、きれいなパンフレットを作ったり、地域の三ツ星シェフなどを巻き込んでキャンペーンを張るなどして一歩一歩ＡＯＣ取得への階段を上がっています。

その成果が垣間見られたのは、２０１４年に日本からツアーを組んで訪問したときです。日本でこの地を紹介してくれる大切なお客様だからと、ジャンフランソワは私たちのためにミヨーの市庁舎で市長夫妻を交えたレセプションを開いてくれたのです。さらに驚いたことには、なんとそこにアヴェロン県の県知事までが県都のロデスからＳＰを伴ってわざわざやってきたのです。ジャンフランソワがここ20年で身につけた

20年ですっかり大人になった
ドンブル家の子どもたち

政治力には圧倒されてしまいました。

一方で、子どもたちはすっかり大きくなりましたが、結婚した長女のルーシーも、次女のエリーズ、そして末っ子のシャルルもいまだに家業を手伝っています。3人とも心底農場の仕事が好きな様子で、羊乳製のラクレット「パスタルー」、3兄妹の名前を付けたセミハードの「エルッチャ」というチーズなどを開発してチーズ農家としての独立を図っています。ひたすらAOC取得を目指す父親とは別路線も開拓中というところでしょうか。

次女のエリーズは両親の血を引いて青年会議所の一員として活躍する一方で、GPS片手に一人で日本の当社までたどり着く頼もしさ。ドンブル一家のパワー、そして刻んでいく道は、これからの日本の地方再生のヒントになるかもしれません。

生産量微量のライオルを再生させた男

André《アンドレ》 Valadier《ヴァラディエ》

1900年代初頭に年間700トン生産されていたチーズが一時25トンまで落ち込み、しかし、見事に復活したという話が、ロックフォールと同じアヴェロン県の北部にあります。ライオルです。その名は日本ではナイフの産地、あるいは北海道にも進出している三ツ星レストラン「ミッシェル・ブラス」の故郷として知られているかも

ライオル再生の物語を作った
アンドレ・ヴァラディエさん

しれませんが、チーズの名前でもあります。しかし、もっと忘れてはいけないのが、この復活劇の立役者、アンドレ・ヴァラディエさんです。

1個30～50キログラムの大きな円筒形に仕上げるこのチーズは、もともと夏の間だけ作られていました。１００年程前には作り手も１０００人以上いましたが、近代化が進む時代に若者たちは村を捨て、都会を目指します。その結果、作り手は減り、ついに年間25トン、数にして数百個しか作られなくなったのです。

このままでは、12世紀から続く伝統のチーズが途絶えてしまう。危機感を持った地元の人々は立ち上がり、１９６０年に「山の青年協同組合」という共同体をつくることでライオル作りが途絶えないようにしたのです。その組合を立ち上げ、以来、組合長として引っ張ってきたのがヴァラディエさんです。１９９９年にお訪ねしたときはフランス全土のＡＯＣチーズの会長も務めていらっしゃいました。

ライオル

組合の工房の前では、「ライオル」の大きなオブジェがゆっくりと回っていました

古い町並みが残るライオル。広場には牛のライオルが…

組合は立ち上がった当時、若い青年の熱気に包まれていたことでしょう。組合ができてすぐの翌年61年にはAOCに昇格、76年からは製造期間の制約を取り払って通年としたことで着実に生産量を増大させていきました。生産者がたった1社1団体のAOCチーズは他に例がありません。それでもそのたった1団体で20世紀のうちに当初の700トンまで生産量を回復させたのですから見事というほかありません。

ところで、21世紀も直前になったころ、パリの農業祭で電子レンジでできるインスタントアリゴを発見。なんとこれもヴァラディエさんの開発だと聞いて驚いてしまいました。

アリゴとは、ライオルを作るためにミルクを固め、そこから水分を抜いた「トム」にマッシュポテト、生クリームを混ぜ合わせ、にんにくと塩、こしょうで味を調えたライオルの郷土料理です。言い換えれば、ライオル製造途中のもののアレンジ料理。よくよく混ぜてサービスすると、ぐーんと伸びて場も盛り上がります。優しい味わいの中にもコクがあり、ソーセージなど肉料理の付け合せにするほか赤ちゃんの離乳食としても使われます。

実はこの料理はもともと人気があったため、他のチーズのトムをつかった即席物がけっこう出回っていました。しかし、本来のルーツから言えばライオルのトムを使ってこそのアリゴです。ヴァラディエさんは既存品のさらに上を行くために、電子レンジで一流の味を出すことにこだわりました。そして私たちがツアーで行ったときは

「うちの製品はこの本物と変わらないんだよ」と言いながら、自ら本物のアリゴをぐーんと伸ばしながらサービスしてくれました。

1団体で1アイテムだけを作って地元の雇用と経済を背負い続けるのは、簡単ではありません。このインスタントアリゴの開発も、時代を生き抜くためのヴァラディエさんの柔軟な発想力があればこそだと思います。この美味しさなら、もう少し小さなポーションにして安く日本に入れられたら、きっとコンビニでヒットすると、私はにらんでいるのですが…。

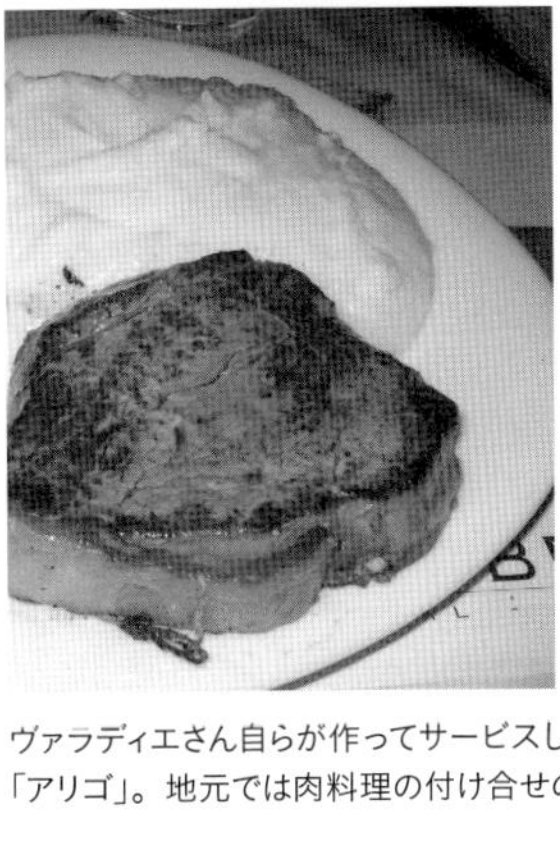

ヴァラディエさん自らが作ってサービスしてくれた郷土料理「アリゴ」。地元では肉料理の付け合せの定番です

Pyrénées-Atlantiques

バスク&ベアルン伝統の羊乳製チーズを復活

フランス南西端の県、ピレネー・ザトランティックは、ベアルンとバスクという異なる文化を持つ二つの地方からなっています。これを東西に横断するのが「チーズの道」。３０００〜４０００メートル級のピレネー山脈の麓に点在する数十軒の農家をつないでいます。

この一帯に古くから伝わるのは羊乳製チーズ文化ですが、二つの地方の文化的背景ははっきり違います。にもかかわらず今では互いに協力して地元の伝統チーズを見直しています。

そんな中、とりわけ独立心の強いバスクには、あえて森の中に工場を建てた父子がいました。

● オッソー・イラティ
● アルディ・ガスナ
（●はこの章で触れているチーズ）

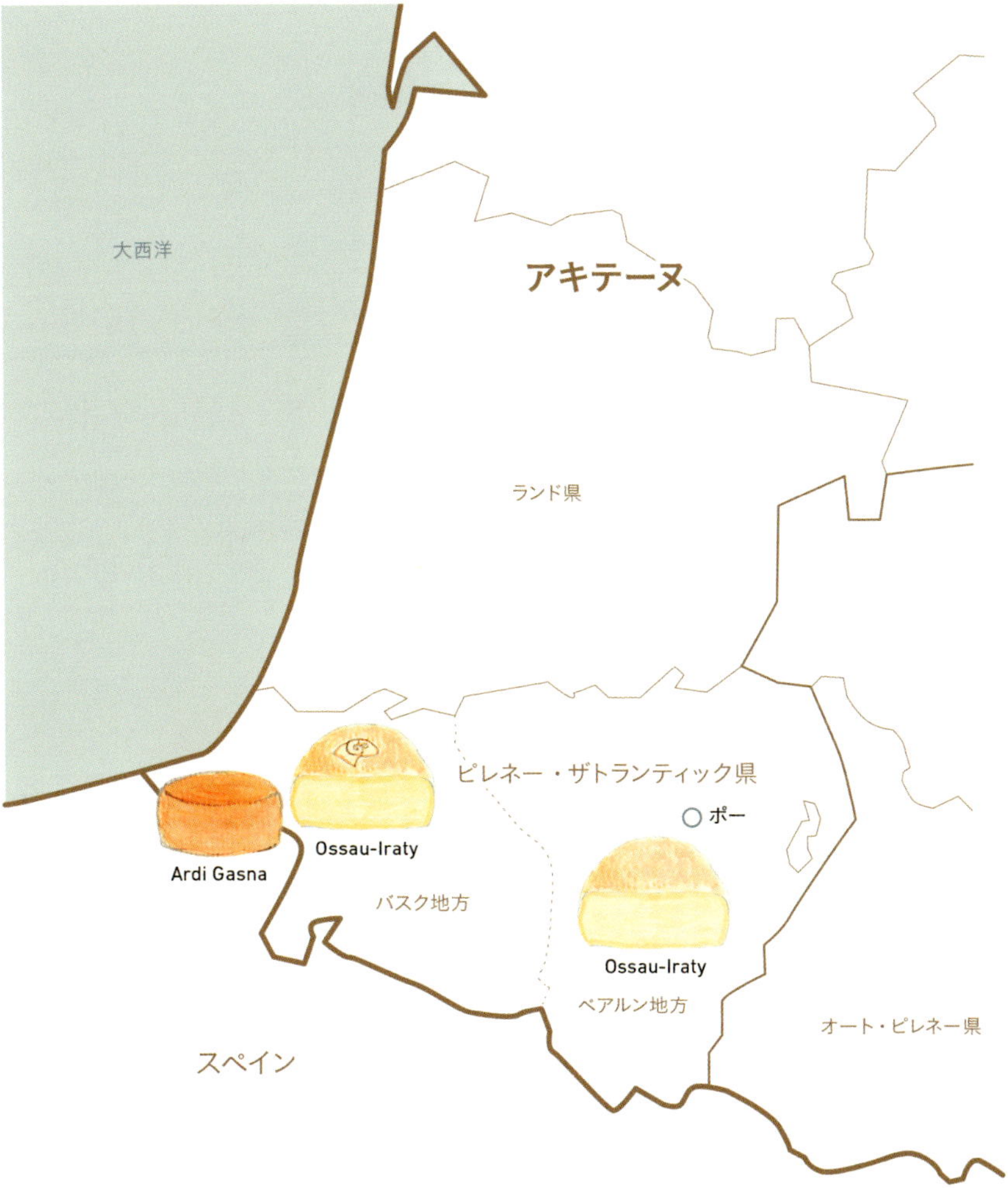

美しいポーの町

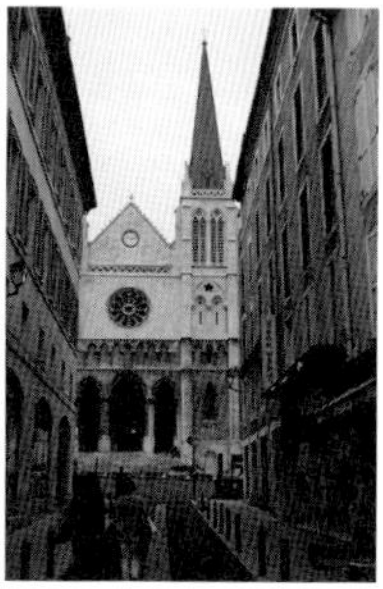

ロックフォールを作った理由、作らなくなった理由

フランスと知り合って、ＡＯＣという制度が地域の食文化の応援だけでなく、地域経済の活性化にいかに影響力を持つかを知りました。その典型的な例が、スペインと国境を接するピレネー山脈の麓、ピレネー・ザトランティック県にありました。

１９８０年にＡＯＣの認証をとったそのチーズの名前はオッソー・イラティ。ベアルン地方のオッソーの谷と、バスク地方のイラティの森から命名されました。

しかし、訪ねてみるとベアルンとバスクはずいぶん文化が違います。この二つの地域が同じチーズを作って世界に発信しているとは、ちょっと意外な印象です。でも、その真意に思いが及ぶようになったのは、実は何回も通ったのちのことでした。

私は１９８０年代からチーズビジネスを始めていますが、１９９０年代になっても、日本に届くオッソー・イラティは大手１社が作るものだけでした。もっといろんなオッソー・イラティが見たいと思っても、なかなか手が出せない…。パリから気軽に足が伸ばせる距離でもなく、現地につてもなかったからです。

やっと生産者と顔が繋がって現地を訪ねたのが１９９６年。旅の相棒は、行動力とフランス語に長けた廉子さんです。ロックフォールの産地から電車で数時間、ピレネ

道路の脇には、チーズの道を
示す看板がたっていました

ー・ザトランティックの県都ポーに立ち降りたのは2人とも初めてのことでした。

ポーの町はピレネー山脈を望む高台にありました。ブルボン王朝の創始者アンリⅣ世の生誕地としても知られるフランスらしい優雅さをまとった地方都市。マルシェも活気があり、ここで買った野菜の美味しさや、チーズ専門店で食べたチーズの美味しさは今でも忘れられないほどです。

そんな町の郊外にあるオッソー・イラティの工場で聞いた話は衝撃的でした。なんとその昔、この一帯は皆、ロックフォールを作っていた、というのです。

実は１９２５年に定められた法律では、当時のロックフォール増産政策の下、羊乳の集荷およびチーズ製造をこの辺りまで許可していました。つまりロックフォールを増産するために生産指定エリアは広げられ、搾った羊乳をそれぞれの地元でチーズに成形してから遠路、指定のロックフォール村の洞窟まで運んでいたのです。

ところが、時代が下り、農家１軒あたりの飼育頭数が増えたり、搾乳機が普及したりしたおかげで１農場あたりの集乳量が上がると、わざわざ遠隔地のピレネーでロックフォールを作らなくてもよくなりました。

ブランドチーズの生産需要がなくなっていくと、ベアルンやバスクの羊乳製チーズ工場は困ります。乳を搾って納めてきた羊農家とて同じです。そこで考えられたのが、もともと地元に伝わる伝統の羊乳製チーズをＡＯＣに昇格させること。二つの地方は協力し合い、ついにＡＯＣチーズ、オッソー・イラティが生まれたのです。

案内してくれたピエール神父と日本居住歴50年のラバルタ神父（手前）。2人ともベレー帽がよく似合います

どうりで農家の手作りから発展したとは思えないサイズ規定。でも、これをロックフォール製造工場がオッソー・イラティ製造に移行しやすいように「工場製」を前提にサイズや決まりを作ったと考えると、至極納得がいきました。そして、文化が違うはずのベアルン地方とバスク地方がなぜ、手を取り合ったかも、です。それほどにAOCの冠は地元経済の命運を左右するということだったのです。

AOCに無縁、農家のチーズづくり

1996年の旅では、ポー郊外の工場見学のあと、全長182キロメートルの道に数十軒のチーズ農家が紹介されているオッソー・イラティ協会のパンフレットを手に、山道を少し走りました。道には農家や道の標識はありましたが、6月ともなるとすでに羊たちは山の上に上がり、彼らを追って羊飼いたちも山の上。それでもと、さらに電車とタクシーを乗り継いでバスクの麓まで足を伸ばしたものの、結局、このときは羊たちに会えませんでした。せめて何か情報をと、協会のパンフレットを頼りに訪ねた1軒の農家には羊乳製のチーズがありましたが、AOCのオッソー・イラティと名乗るものではなく、ただ「羊を追って山に上がっている娘が作った」とだけ説明を受けました。

ポーの市場には美味しそうな農家製のチーズが並んでいました（ここはベアルンの羊乳製チーズ）

農家が作った羊乳製チーズのアルディ・ガスナ

作り方を見せてくださった生産者夫婦

農家のチーズ作りを見せてもらいましたが、説明はバスク語だったのでちんぷんかんぷん

現地の人たちはブラック・チェリーのジャムをつけて食べていました

もう少し、核心に迫りたい。そんな永年の夢がかなったのは２００１年のことでした。
パリでバスク人らしいベレー帽をかぶり、チーズに詳しく、周囲から圧倒的な信頼を得ているピエール神父という方に出会い、その彼が「俺に任せとけ」とおっしゃるのです。ちょっと不安な心境のままバスクの小さな町に着くと、なんと日本居住歴50年というもう１人の神父、ラバルタ神父と２人で待っていてくださいました。
２人の神父に付き添われて入って行ったバスクの山の中腹には、バスクの山岳地帯でしか見られず最高品質と誉れ高いマネック・テット・ノワール種のわずかな羊乳で永年チーズを作っている夫婦がいました。いつもなら必ずチーズの原乳を飲ませていただくのですが、ここでは希少すぎて言い出せません。でも、かわりにチーズ作りの副産物であるホエーを飲ませていただいて、びっくり。牛乳のホエーとは比べ物にならないほど甘くて美味しいのです。試食で出してくださったチーズの皿もあっという間に空っぽです。何というチーズか聞きたくてもバスク語ではちんぷんかんぷん。訳していただくと、ここでは特別な名前はなく、ただ「アルディ・ガスナ（バスク語で〝羊のチーズ〟という意味）」と呼んでいると聞いて、伝統の食べ物の原点を見た思いでした。
前回の農家もそうでしたが、地元で生きる彼らにとって、自分たちの羊乳製チーズがＡＯＣをとろうが、どんな名称になろうが、あまり関係ないようです。ただ、そこでいただいた無殺菌乳製のチーズのおいしさは格別でした。殺菌しないから、という

右：2009年に案内してくださったジャン・エテュレク氏
左：チーズの中央の刻印は、顔と足の黒い地元の羊マネック・テット・ノワール種の角の形

より山の上で羊を飼い、搾った乳をその場でチーズにするからこそ美味しく出来るのかもしれません。これを輸出したり安定的な販売システムに乗せたりするのは難しいでしょう。でも、せめてなくならないで、と祈るような気持ちでこの農家のチーズ小屋を後にしました。

バスクで地元企業を立ち上げる

Jean《ジャン》 Etxeleku《エチュレク》

ＡＯＣのタイトルを持ったオッソー・イラティは、先の話のとおり、その成り立ちの経緯からもほとんどが工場製です。工場で作るとなると原料乳は殺菌するのが前提ですが、そんななかでもパリのチーズ商たちの信頼を着々と積み上げているのが、バスク地方のアグール社でした。

アグール社の創業は１９８１年。なんと、オッソー・イラティがＡＯＣに昇格した翌年のことでした。地元民による起業はまだ珍しかった当時、ジャン・エチュレク氏が、自分がチーズにして売るから羊乳を分けてほしいとイラティの農家の人たちを説得し、25軒の農家から乳を集めるところからのスタートでした。地元を象徴する羊マネック・テット・ノワール種の角をチーズの中央の印にすることで、農家の伝統を受け継いで行く決意を示しました。

2009年は平地にある
工場を訪問しました

訪ねたのは２００９年5月下旬。この日はキリストの昇天祭で祝日でしたが、創業者のジャンさんが出迎えてくれました。どんよりとした曇り空からはついに雨がぽたぽたと落ちてきました。放牧はやっと始まったところで羊は放たれたばかり。初めての訪問から10年以上もかかってやっと羊の放牧シーンに出会えました。

「殺菌乳だけなら休日は工場も休めるんだよ。だけど無殺菌乳で製造するとなると24時間以内に製造しなくちゃならないからね」

と、ジャンさんは休日でも工場を稼動させていることを少し自慢げに、そしてその需要が年々増えていることも嬉しそうに話してくれました。というのも、同社では会社が軌道に乗るまでは安定的に生産できる殺菌乳製を作っていましたが、機が熟したと見るや伝統と現代の技術を融合させ、無殺菌乳を使ってオッソー・イラティを作り始め、成功させていたのです。このスタートは２００１年だそうです。

契約している羊乳生産者は、会社設立当初の6倍に当たる約１５０軒。そのうちの45軒の農家の乳を殺菌せずに使っているとのことでした。

実は後で知ったのですが、このときすでに社長職は息子のペイヨ氏に譲っていました。その日、彼はアメリカ出張中で会えませんでしたが、ジャンさんがチーズ作りだけでなく息子の養育にも情熱を注いできたことはお話から容易にうかがい知れました。

まず感じたのは、自分たちはバスクの人間だという誇りです。例えば名前。「ジャン」というのはフランス語なのですが、息子の「ペイヨ」はバスク名です。「ペイヨ」

は、フランス語なら「ピエール」となるものです。

さらに公用語のフランス語に加えて、家庭内ではバスク語を教えて育てたそうです。そんなペイヨは大学を卒業するとパリのコンサルタント会社に就職し、経営をしっかり学んで２００１年に故郷バスクに戻ってきました。英語も堪能で誠実な人柄はアグール社の強力な営業力となり、２００６年に社長に就任。アメリカやドイツへの輸出をどんどん伸ばすようになったころ、私はパリで彼と出会い、ここに来ることになったのでした。

父子で作った森のチーズ発信基地

Peio《ペイヨ》 Etxeleku《エチュレク》

２０１５年、今度はペイヨに改めて会社を案内してもらいました。

ガラス越しに作業風景が見える本社工場やチーズショップは前回と変わらないものの、このほかにペイヨは、誇るべき父親から会社を受け継いだという思いから、地元バスクのチーズ文化を示す博物館を作っていました。昔のバスクの民が暮らしていたような古い家にチーズ道具などの展示はとても興味深いものでした。

羊農家に同行すると、なんとペイヨは農家の人々とバスク語で会話していました。お父さんが残そうとしたのは、こうやって土地の人と交流できることこそが伝統を守ることにつながるのだという示唆だと、このとき私はやっと理解したのです。

このあとペイヨは、私をイラティの森に連れて行きました。２００９年に父親と共

バスクの山で見かけた雨の中のマネック・テット・ノワール。6月、放牧はまだ始まったばかりでした

にここに新しい工房を建設していたのです。この森は「イラティの森」としてチーズ名にもなりましたが、実際のところ、かつても辺鄙ながら今ではさらに人が減り、チーズ製造をする人も減っているのだそうです。その衰退を食い止めたい、そしてよい乳を集めるためにもと、放牧地に近いところに工房を建てることを思いついたのだそうです。工房の名前は「Iraty（イラティ）」。エネルギーの75％は木材チップで自給できるようにしていました。そのうえ羊は8月からほぼ年内はほとんど乳を出さないため、年間の収益安定を考えて、この一帯でも牛や山羊を飼い、牛乳製や山羊乳製のチーズ、さらにはオーガニックチーズも開発中というではないですか。働く人も今の10人から将来は30人規模にしたいと、ペイヨは眼を輝かせました。

この日は雨で遠くの山並みは望めなかったものの、美しいイラティの森はトレッキングに最高の場所です。そんな素敵な環境に建つこの工房のショップは贅沢なまでに広く、ガラス越しに熟成中のチーズがよく見えるようになっていました。店内の赤い壁には、私には読み取れませんでしたがバスク語も書かれています。2階に上がれば通路から1階の製造の様子がすべて見おろせるようにも設計されていました。

すばらしい。でも、実は父親のジャンさんは去る2011年、60代という若さで亡くなっています。このイラティの森の民と自分をつないでもらえる期間がたった2年しかなかったことが残念でならない、そして、だからこそ、父の思いが結集しているここを、どうしても見てほしかったんだと、ペイヨは最後に私に言いました。

ペイヨは今、父親ゆずりのバスク魂を胸に、バスク伝統のお菓子やバイヨンヌの生ハムなどの工場も買収しています。余暇にはバスクの歌を素晴らしい声量で歌い、伝統のボール遊びにも興じる親しみやすさを見せながら、フランスのみならず海外へもアプローチを続けています。

アグール社は、地元チーズがＡＯＣを取ったのを見て、さあ、これからだと、地元の産業発展のためにスタートを切ったのかもしれません。ロックフォール人気に翻弄された過去を潜り抜け、今再び地元チーズのみならずバスク食文化の伝道を試みているアグール社。これからがますます楽しみです。

海外にも積極的にバスクをアピールするペイヨ

2015年にはイラティの森の新しい工房を訪問。ショップは近代的で、「この棚をチーズでいっぱいにするんだ」とペイヨは語っていました

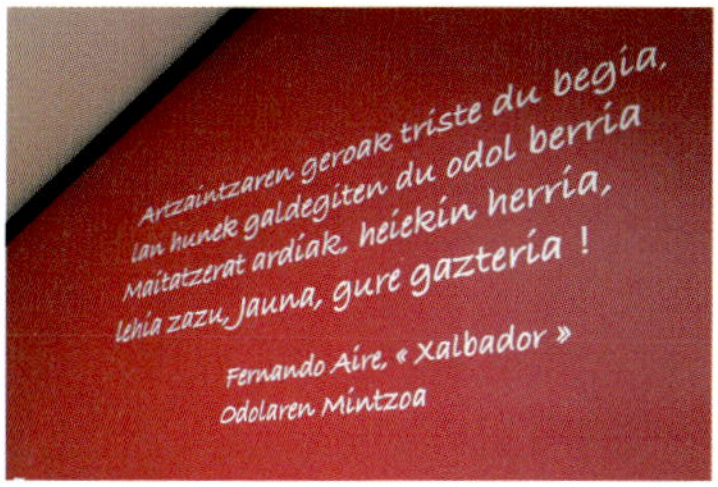

壁面にはバスク語が書かれていました

Pierre Oteiza

バスク豚の恩人はバスクのPRマン ピエール・オテイザ

2008年5月、新宿伊勢丹のフランスフェアの会場。ここにひときわ目立つ場所で忙しく働くピエール・オテイザさんがいました。彼の本業はバスク豚の生ハムやサラミなど豚肉加工品を紹介することですが、バスクの食文化の一つとして「フェラーニョ」というチーズも持ち込んでいました。その輸入のお手伝いをしていたご縁であいさつにうかがうと、初対面にもかかわらずニコニコと私の訪問を喜び、盛んに彼の加工肉の試食を勧めます。そのうえ、ぜひバスク豚を見に来いと誘うのです。なんというタイミング、ちょうど1カ月後にバスクを訪ねる予定があった私は、急きょ、ピエールの本拠地スペイン国境のアルデュードを訪問することにしました。

アルデュードは美しい緑の谷にありました。オテイザ社の本社にはレストランやショップがあり、観光バスなどわざわざ訪ねてくる人たちでにぎわっています。敷地には、シダでできた屋根の豚小屋がいくつもあり、ここで子豚は生後2カ月まで母豚と暮らしたら山に放たれます。その山に案内してもらったものの、豚の姿を見ることはできず、それほどに広大な敷地を豚たちが駆け巡っていることだけが理解できたのでした。

バスク豚は、肌が薄いピンク色で頭とお尻が黒、足にも黒いまだらがあるのが特徴ですが、1981年には20頭のメスと2頭のオスのみになっていました。ピエールはパリの農業祭に貴重な2頭を連れて行き、来場者やマスコミにアピール。彼にとってはこうして注目を集められるこの農業祭こそが最も大事なイベントなのです。努力は実り、1992年には250頭、2000年には1500頭にまで回復し、彼はその功績でフランス政府から最高勲章の「レジオンドヌール」も受章しました。

私も農業祭は毎年、牛や山羊、羊たちに会いにいくことが恒例になっていますが、2009年からはピエールのブースにも立ち寄るようになりました。彼のブースは農業祭でもっとも賑わってい

ピエールは日本人も顔負けのワーカホリックぶり。いつも世界を飛び回り、まるで仕事そのものを楽しんでいるようです

広大な土地に少数を自然放牧することが決められています

白と黒と赤が印象的なバスクの衣装。バスクナイトはにぎやかです

るところだと言ってもいいくらい人が群がり、サンドウィッチやシャルキュトリが飛ぶように売れていきます。アコーディオンが流れ、歌や踊りのおかげでにぎやかなレストランは夜遅くまで満席です。

　そんな陽気なピエールワールドにすっかり魅せられた私は２０１１年、彼が来日するのに合わせて日本で「バスクナイト」を開催しました。アコーディオン奏者エティエンヌも交えて男性は白いシャツに白いズボン、ベレー帽に赤いチーフ。女性は華やかな民族衣装。ゲームを交えた乾杯に、参加者が全員肩に手をかけてつながるダンス。楽しさいっぱいのこのナイトは、今では東京だけでなく札幌でもバスクでも、ピエールを真ん中に繰り返されています。

Loire et Poitou

ロワール&ポワトゥ シェーヴルの中心地

パリからTGVで約1時間ほど南西に行くと、パリの奥庭と呼ばれる風光明媚な一帯にさしかかります。ロワール川とその流域に点在する美しい古城の数々、穏やかな気温が支える豊かな大地。そこには8世紀、サラセン軍が北進するときに連れてきた山羊が広がり、地域の村々に1000年を超えて山羊乳製チーズ(シェーヴル)の文化が根付きました。

おかげで20~21世紀にかけて、伝統と地域性を保護するAOPに認定されたシェーヴルが6種類。どれも小さなチーズたちですが、地元愛が守り、国内外から足を運ぶ観光客が話題にして、生産量は右肩上がりです。

- サント・モール・ド・トゥーレーヌ
- セル・シュール・シェール
  プーリニィ・サン・ピエール
- ヴァランセ
- クロタン・ド・シャヴィニョル
- シャビシュー・デュ・ポワトゥ
- モテ・シュール・フォイユ
- トピネット

（●はこの章で触れているチーズ）

左：サント・モール・ド・トゥーレーヌの町
右：町は美しいロワール川の流域に広がっています

フランス本場のシェーヴルと出会って30年

農家製のフランスチーズを日本に紹介するようになって驚いたことのひとつが、シェーヴルの入荷してくるときの荷姿です。そもそもシェーヴルのほとんどは農家製なので、その入れ物はラフな木箱が定番です。底にはわらが敷かれ、チーズはその上に裸で置かれ、そのチーズの上にもそっとわらをかぶせてあります。パリの中央市場ランジスではそんな木箱が無造作に重ねられている風景はよく見てきました。わらはチーズの水分を程よく吸い取ってくれて通気性もよく、チーズを乾燥からも守り、カビが育つのをやさしく助けるのです。

ですが、飛行機に乗って成田に到着した荷姿も、まさかその木箱とわらのまま、とは、初めてのときは一瞬、唖然としました。１９８０年代も終わりのころです。それまで日本では、真空パックされて入ってくる工場製しか見たことがありませんでしたから、これこそが本来のフランスチーズなんだ、と妙に納得したのを覚えています。

当時、わらの使用はシェーヴルだけのことではありませんでした。ブリやサン・ネクテールなどの熟成現場をはじめ、パリの一流チーズ店の陳列棚でもチーズの下にはわらが敷かれていました。チーズのためにはわらが必要。その教えにしたがって、私

はチーズと一緒にわらもフランスから輸入して東京の店で敷いていました。ＥＵの基準が厳しく改められ、ＨＡＣＣＰが導入された今では想像もできませんが、２０００年になるころまで、確かにフェルミエではわらを使っていたのです。

ちなみに、今、チーズに敷くもので流行はスレートです。粘板岩を使った薄板状のもので、屋根材としてよく使われてきたものです。天然素材でありながら洗えるので衛生基準がクリアできること、チーズの水分が程よくなじむこと、艶のない黒い色合いがチーズに限らず食べ物全般を引き立てることなどから、おしゃれなプレートとして雑誌でもレストランでも大人気です。

シェーヴルの騎士仲間へのお誘い

Michel《ミッシェル》 Hardy《アルディ》

かねてから、フランスチーズの中でも私が最も興味があったのはロワールの一帯で様々に作られるシェーヴルでした。その産地見学としてロワールを初めて訪ねたのは１９８８年ですが、１９９１年からは毎年、サント・モール・ド・トゥーレーヌの町で６月の第一週末に開かれているお祭りにあわせて通うようになりました。１９９０年にＡＯＣをとってから急速に生産量を伸ばしているサント・モール・ド・トゥーレーヌに感じるものがあったからです。

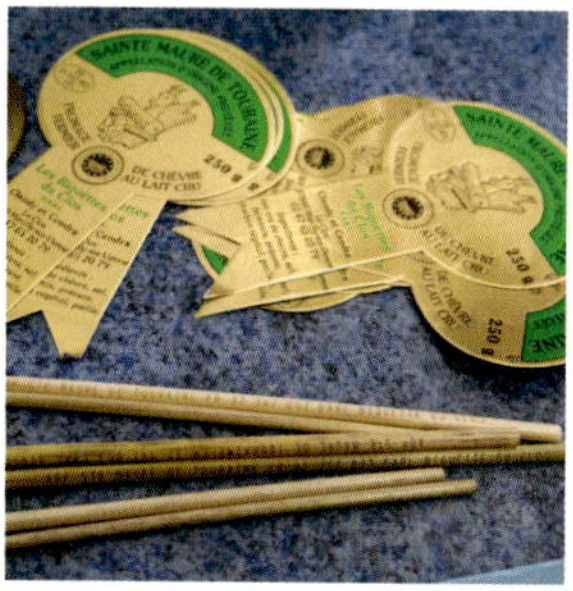

ラベルの形は統一。中心にさす麦わらには、生産者番号が印字されています

このとき親しくなったのが、熟成専門業者のミッシェル・アルディさんです。小柄で細身、七三分けの頭髪のせいか、最初はまじめそうでなんとなくとっつきにくいと思っていましたが、回を重ねるごとに本当は冗談好きで、サッカーゲームには真顔で向かっていく少年のような横顔も見せる気さくな人だと分かってきました。

ミッシェルの話では、このあたりの村ではかつてどの家でも山羊を飼っていて、彼の父親が創業した1948年ごろは、彼も当たり前のように山羊を追う一人の酪農少年だったそうです。しかし、大人になって会社を継いだミッシェルは1983年からチーズの製造はやめ、農家が作ったチーズを引き取って熟成するだけの専門業者になりました。そうして、私が会ったころの彼は、話題のサント・モール・ド・トゥーレーヌのほかにセル・シュール・シェールやヴァランセなど、今日ではそれぞれAOPを持つ伝統ブランドのシェーヴルをあわせて年間120万個も熟成し、コンクールでは金賞を何度も受賞する一流熟成士となっていたのです。

そんな彼の推薦で、私は1994年にサント・モール・ド・トゥーレーヌの町で開かれた農家製シェーヴルの全国大会（通称「フロマゴラ」）の審査員をさせていただきました。その日の午後には、サント・モール・ド・トゥーレーヌの普及に貢献している人間として、私は赤いマントを羽織った先輩騎士たちに囲まれ、シュヴァリエ（騎士）に叙任されて彼らの仲間入り。その儀式があまりに楽しかったので2年後、今度は私が日本のサント・モール・ド・トゥーレーヌ好きを2名、この仲間へと推薦しました。

サント・モール・ド・トゥーレーヌの騎士団に仲間入りする儀式で。来賓にも、たくさんの騎士団がそれぞれの衣装で集結していました

フロマゴラでの審査風景

夜のソワレで。推薦者はミッシェル・アルディさん

ソワレには、なんと本物の山羊が登場。フランスの感覚に驚きました

ミッシェルは、いつ訪ねても好意的な計らいをしてくれました。日本からツアーを組んで行くとみんなを自宅にまで招いてくれたり、親しい山羊農家に連れて行ってチーズ作りを体験させてくれたりと、心憎いのです。そんな心遣いは彼が取引している40軒の農家に対しても同様にきめ細やかで、たとえばある農家ではおばあちゃんの健康を気遣ったり、別の家では青年の嫁取りを心配したり。国は違っても、仕事は人と人のつながりでするのだということをその背中で見せてくださる方でした。

でも、残念なことに、彼は21世紀を待たずして会社を売却してしまいました。明るくておちゃめなお嬢さんが跡を継ぐと言っていたのに、時代の波はそんな生易しいものではなかったのかもしれません。

それだけに、せめて彼のブランド名「アルディ」が残ったことは幸いでした。

セル・シュール・シェールの騎士、来日

PASCAL《パスカル》 JACQUIN《ジャッカン》

ロワールに通ううち、もう１人親しくなった方がいます。ミッシェルの友人、パスカル・ジャッカンさんです。

ジャッカン社の創業は１９４７年。はじめはバターと卵の販売だけでしたが１９５５年にチーズ作りのアトリエを作り、少しずつ会社を大きくしていきました。

左：ジャッカン社
右：いつもニコニコの
パスカル・ジャッカン

2代目を継いだパスカルは、半径50キロメートル以内の農家48軒から乳を集めてチーズを製造することに加え、農家で作られたシェーヴルを引き取り、自らの熟成室で熟成させ、販売することにも力を入れてさらに会社を大きくしてきました。1999年には殺菌乳と無殺菌乳、それぞれ別ラインにして前者で現代仕様のチーズを、後者で伝統チーズを作れる工場も完成。今日では全生産量の50％は輸出し、パリで10～15％、あとは近隣の地域で販売しているのだそうです。

無殺菌乳から作っているのは、アルディ社と同じ伝統のＡＯＰチーズ3種。これが全生産量の60％を占めています。一方、現代用としては、殺菌した山羊乳のチーズに青カビを入れたり、大型で低価格のものにチャレンジしたりして新規商品の開発にも余念がありません。熟成室も、かつては勘に頼っていたものをコンピューター管理にし、いっそう高品質に仕上げられるように進化させています。

そんな実績、信頼から思えば彼は確かに社長なのですが、なぜかいつ会ってもセーター姿でニコニコ、ニコニコ。親しみやすい笑顔そのままに、何度も来日しています。

中でも忘れられないのは、2002年3月の「セル・シュール・シェール騎士団の騎士叙任式」です。主催はパスカルが会長を務めるセル・シュール・シェール騎士団。1991年に地元有志15人で立ち上げたこのチーズの応援団です。来日前にはすでに50回の叙任式を執り行った実績があり、その50回目には959キログラムにも及ぶ巨大チーズを作ってギネスブックに登録されていました。そして51回目はぜひ日本で、

959kgのギネス記録を作ったときの記念写真を、日本で葉書にしました

ということになり、当社の周年パーティーの場が、その受け皿となったのです。
ブルーとグレイ、それに鮮やかな黄色が映える衣装に身を包んだ騎士団は、この日、日ごろからシェーヴルに理解の深い日本人10人を新しい騎士に叙任しました。セル・シュール・シェールは味のバランスこそピカ一ながら、形の平凡さからか、それまで他のシェーヴルに比べて影の薄い存在だったのが、これを機に日本でも一気に注目を集めるようになりました。
　このパーティーの成功がパスカルと私の距離をさらに縮めてくれました。相変わらずフランス語しか話さないパスカルと英語が中心の私でも、2年に1度のパリのサロン・デュ・フロマージュでは、必ず彼のブースで一休みするようになり、「ミッシェル？　元気だよ」「うちへはいつ来るんだ」とあいさつを繰り返していました。
　そんなあるとき、「新しい店をオープンする」というではないですか。それではと、何度目かのロワールの旅を企画したのは2013年の6月のことでした。

世界に目を向けるジャッカン社の3代目

ROMAIN《ロマン》 JACQUIN《ジャッカン》

　シェール川に面した美しい町、サン・エニョンにオープンしたジャッカン社の新店に行ってみると、なんと店の主人はパスカルの息子で3代目を継いだロマン・ジャッカンでした。建物は、もと鍛冶屋だったらしい面影を残すクラシカルな雰囲気。店の中にあった「アジアから始まる乳文化」といった展示物は、それまでひたすら美味し

いチーズ作りにまい進していた父親のパスカルから、世界を見渡し文化的な視点も持っているロマンに代替わりしたことを改めて感じさせました。新しい風が吹いてるなあ…。これからは地元の伝統的なチーズはもちろんのこと、世界中のチーズを集めて販売していくと、ロマンは意欲的です。

事実、すでに仕入れは自分の店のためだけでなく、地域一帯のチーズショップや食料品店、スーパーなどにも卸すだけの物量を扱っているそうで、大きなトラックが行き来していました。〝おらが町の味自慢の国〟と思っていたフランスも、今では広くフランス国内、さらには世界のチーズにまで関心を持つようになっていたのです。そのうえ、今までの「作って売る」に加えて、新しい世代が「仕入れて売る」ことまでビジネスとして成立させているとはなんと頼もしいことでしょう。それまでも地元に卸業者はあったでしょうが、チーズを知っている自分たちだからこそできることを、この地で改めて極めたのだと思います。

一方で、代々付き合ってきた農家たちのことも軽んじてはいません。たとえばジャッカン社の工場に乳を届ける山羊乳農家48軒のほとんどが父の代からの40年近い付き合いです。クリスマスと新年以外の毎日の集乳量は年々、増加傾向とのこと。また、ジャッカン社が熟成させるためのチーズを作る契約農家も、新規就農した夫婦と取引が始まったり、高齢のために廃業したりと出入りはありますが、全体数は先代のときとほとんど変わらないと聞いてなんだかほっとしました。

上：中騎士団も代替わり。立派に役を果たしたロマン・ジャッカン
中：セル・シュール・シェール
下：ロマンが始めた新店舗

さて、この翌年、今度はジャッカン社が日本にやってくるといいます。せっかくならと12年ぶりに「セル・シュール・シェール騎士団による新騎士の叙任式」をと提案したら話は即決。そしてなんとこのとき来てくれたのは、正式に代替わりを遂げたジャッカン社3代目のロマンでした。

英語が堪能な彼は、フェルミエのスタッフたちと会話もメールもスムーズに交換します。ニコニコ純朴なセーター姿のパスカルから、スマートなビジネスマン、ロマンへと窓口の顔は変わっても、マントを羽織った騎士はやっぱり「おいしそう」オーラを放ちます。彼のような新しいリーダーがいれば、ジャッカン社もロワール一帯のシェーヴルも、ますます発展するだろうと確信した夜でした。

サンセールの丘の麓には、
いくつかの村があります

クロタン熟成の伝統を継ぎたい

GILLES《ジル》 DUBOIS《デュボワ》, ROMAIN《ロマン》 DUBOIS《デュボワ》

ロワール地方でサンセールというと、世界に知られた白ワインの産地です。今まで語ってきたミッシェル・アルディやジャッカン親子たちの所よりロワール川をしばらく上った標高の高いエリアで大陸性気候。ゆるやかな起伏にブドウ畑が繰り返されるなか、ひときわこんもりと盛り上がる丘が見えます。この頂上にサンセールの町が栄え、ふもとにはいくつかの村が点在しています。その村の一つが、小さなシェーヴル、クロタン・ド・シャヴィニョルの故郷シャヴィニョル村です。

初めて行った１９９５年当時、村の人口は１８０人と聞きました。すでにＡＯＣに認定されて地元の誇りとなっていたチーズは、ワインと並ぶ特産品です。村を歩くと「チーズとワインを楽しめますよ」という看板がいくつも見つけられます。

シェーヴルの本当の美味しさは、乾燥が進んで硬く引き締まり、表面には青色や灰色のカビがほこほこと覆ったものを、カビごと口に入れてこそ味わえる。そんな〝真実〟を私に教えてくれたのは、当時、ここで熟成業を営んで4代目のジル・デュボワさんでした。

会社の名前は「デュボワ・ブーレイ」。創業は１８９６年です。それ以前からワイン

ショップに並ぶ熟成別のシャヴィニョル

もチーズも作っていましたが、デュボワ家の初代はチーズ熟成業として会社を起こし、ワイン作りは親戚が継いだそうです。初めて会ったときのジルは若々しくふっくらとし、ニコニコと親しみのわく笑顔で美味しいものの話が大好きで、食べ物家業がぴったり、という印象でした。熟成庫に併設のショップには、クロタン・ド・シャヴニョルを7段階の熟成別に陳列していたことからも、味についての彼のこだわりは強く伝わってきました。そしてここで学んだ本当の美味しさは私を開眼させました。

ただ、そうはいってもカビをありがたく食べる文化などない日本です。「ほこほこは美味しい」というファンが日本にも少しずつ増えはしましたが、主流はやはりカビのほとんど付いていないフレッシュなものです。

そんな事情を察してかどうかは分かりませんが、アイデアマンのジルは、2010年ごろ、フレッシュなシャヴィニョルを丸ごと入れてオーブンで焼くふたつきココットを開発します。茶色やピンク、白、緑色など色のバリエーションもかわいく、これはフランスだけでなく日本でも話題になりました。しかし、こうしてシャヴィニョルの売り上げも上向いていた2012年のある日、衝撃のニュースが飛び込んできました。ジルが大手乳業会社に会社を売却したというのです。実はそれまでにも、古くなった工房の改修に莫大な費用が必要だと頭を痛めていたことはクリスチャンから聞いて知っていましたが、この結果はさすがに私もショックでした。

新しいオーナーは、百年続いた「デュボワ・ブーレイ」のブランド名と従業員、そ

ロマンがはじめたアトリエ

して顧客もそっくり引き継ぎました。２０１３年に訪れてみるとシャヴニョル村にあるジルのショップはそのまま残っていましたが、併設の古い熟成庫やアトリエは取り壊され、代わりに郊外のブドウ畑の中にモダンな工場がこつ然と建っていました。その結果、生産量はそれまで年間２５０万個だったものが、なんと１４００万個にまで増えたそうです。以前は、チーズに塩を振っては1個ずつ手で握り締める作業を人がやっていましたが、この数では機械化しなくてはとても間に合いません。熟成もモダンなステンレスの棚で行っていました。

しかし、このあと連れて行かれたのが、なんとジルの次男、ロマンがゼロから立ち上げたというアトリエでした（前出のロマン・ジャッカンと同名！）。祖父母が大切にチーズを熟成させているのを子どものころから見て育ったロマンにとって、今までのチーズ作りが別の姿になっていくのを黙ってみているのは耐え難く、ついに独立を決意したのです。胸に痛みを持っていた父ジルの喜びは想像に余りあります。

かつてワインが醸造されていた建物をロマンが購入してシャヴィニョルの熟成が始まったのが、私たちが訪れた前年２０１２年の12月。代々取引をしていた農家からのチーズの受け取りを再開し、そのフレッシュなチーズにざーっと塩をかけ、おにぎりを握るように人の手でぎゅっ、ぎゅっと形を整えていく作業がここではまだ生きていました。外皮が乾いたらわらを敷いた木箱に並べていくのも、まさしく昔のまま。ロマンは早くこのカーヴを、そうやってカビをほこほこと生やしたシェヴィニョルでいっぱいにしたいと意気込んでいました。

ところで4代目ジルは会社を売った後、失意から立ち直るために長男と村でビストロを始めていました。連日、常連客が押し寄せる成功ぶりを見ると、美味しいもの好きのジルが村で食べ物業を続けたのは村の人にとってもよかったようです。涙もろくて人の良いジルは、今も元従業員に慕われ、独立したてのロマンをなんとか一緒に支えようと話をしていると聞きました。

大きな時代の波に一度は飲まれたものの、次世代の子どもが立ちあがり、伝統のために周囲も応援しようとする物語。私もフランスの古くて新しい営みを精一杯、応援したいと思います。

上：ロマン（左端）と、両親のデュボワ夫妻
中：塩をかけたら、おにぎりを結ぶようににぎゅっ、ぎゅっと握ります

故郷で最高のチーズづくりを目指す情熱家

PAUL《ポール》 GEORGELET《ジョルジュレ》

フランスの中央部を横断するロワール川は大西洋に注ぎますが、その下流域の南隣にあるのがポワトゥ・シャラント地方です。厳密にはロワール地方とは別区域になりましたが、ここも大切なシェーヴルの産地です。なんといってもフランスに最初に山羊がもたらされた町、ポワチエがあるのですから。

10年程前、そんな歴史の町の近くから、パリのサロン・デュ・フロマージュに素晴らしいチーズを出展している人を見つけました。ポール・ジョルジュレさんです。彼のチーズを何とか日本にも送ってほしいと交渉を続けてやっと実現したのが2010年。このとき伝統チーズのシャビシュー・デュ・ポワトゥと一緒に届いたのが、下に栗の葉を敷いたモテ・シュール・フォイユやシェーヴルとしてはめずらしい大ぶり

上：いつ会っても情熱的なポール・ジョルジュレ
下：ポールのシャビシュー・デュ・ポワトゥは日本にもファンがたくさん

熟成の様子を見るポール

のトム、その他にも四角形や正三角形など様々なものがありました。どれも酸が穏やかでクリーミー。あっという間に人気のシリーズになりました。

なかでも高さ6センチの円筒形シャビシュー・デュ・ポワトゥは、当フェルミエで働くフランス人、ファビアン・デグレが好きなチーズでもあり、何かといえば肩入れして店頭で熱弁をふるってきたおかげで、日本でも少しずつ認知度を上げていきました。彼の熱の入れようは、２０１３年に開催された世界一のフロマジェ（チーズ商）を決めるコンテストに出場した際、課題の「プレゼンテーション」にこのチーズを取り上げたことでもうかがえます。それほどにこのチーズは人を夢中にさせる魅力を持つということなのです。

このチーズ魅力は、伝統チーズとしての美味しさだけでなく、ポールという作り手の作品だからこそ、ということもあります。たとえば１９７５年から続けてきた彼の自家製の餌。地元の牧草に加えて栄養価の高いカラス麦、大麦、とうもろこし、穀物、わらをバランスよく加えているそうです。さらにチーズ製造までの乳の保存温度、凝固に48時間も掛ける手法、カーヴにすみ付いた微生物の生かし方。ポールはシェーヴル発祥の地に生まれ、地元のものを愛し、一つひとつの素材を生かして最高のものを作ることへの情熱を語るうち、感極まって涙さえ浮かべます。そんな熱弁も含めて彼のチーズの魅力なのでしょう。

彼は、冷静な理論派でありながら、こんなに情緒豊かな男性でもあるのです。物作りへの熱意は失わないまま、最先端の技術も取り入れる。この柔軟さは後に続くものたちにもぜひ、紹介したいと思います。

オリジナリティで勝負、トピネットを開発

Alain《アラン》 Jousseaume《ジョソーム》

ポールのいるポワチエからさらに南下すると、コニャックの産地で有名なシャラント県に入ります。このあたりはＡＯＰのどのチーズの生産指定地区にも入らないので、チーズを作るなら伝統より新商品の開発力、つまりオリジナリティーが大切になってきます。

そこで個性を発揮してきたのがジョソーム一家。もともと50頭の茶色い山羊のアルピーヌ種を飼っていましたが、１９７３年からチーズ作りを始めます。特徴を出すために思いついたのが、オーヴェルニュ地方で作られるチーズ「ガプロン」の型を使って半球形にするトピニエールです。彼らの思惑は見事に当たり、まもなくチーズ商たちの話題に上るようになりました。その後、同形で一回り小さいトピネットを開発。このサイズならきっと日本でもヒットすると思い、２００５年から当社フェルミエでも紹介するようになりました。

工房は近代的で、伝統チーズのマークも持たないものの、勉強熱心な3代目アラ

小サイズで人気上昇中のトピネット

ン・ジョソームさんは乳は無殺菌にこだわり、作り方はシェーヴルならではの手作り、つまりお玉で一つずつ型入れするという手間暇をかけています。努力の甲斐があって、コンクールでは２０１２年に金賞に輝きました。なめらかな舌ざわり、穏やかな味わいは日本でもすっかり人気です。

ぜひ、いつか訪ねたいと言っていた約束がかなったのは、２０１３年のことでした。

私が初めてアランに会ったのは１９９３年ですからちょうど20年越しです。その年から毎年行われていたフロマゴラと呼ばれるシェーヴルの全国コンクールでいつも会うアランはその当時まだ独身で、まじめそうな青年でした。細身の体にアイロンのしっかりきいたシャツを着て、礼儀正しく、まるで銀行マンのような硬い雰囲気。ですが、２０１３年のこの日はキュートな奥様のソフィーが私たちを案内してくださいました。

最も驚いたのが山羊小屋のゆったり度。というのも、このときは4日間続けて山羊見学をしていたので、他との違いが一目瞭然だったのです。一時８００頭にまで増やしたものの、健全に飼育するためにと、今は４００頭に減らしたそうです。さらに山羊のために、普通なら鉄製の柵を施すところを、すべて木で作ってありました。ざっくりとした木製柵の間を自由にすり抜ける子山羊たちのかわいい様子には、心が癒されるようでした。

アランはこの日、やっと育った牧草の刈り入れに大忙しで、ろくに話は出来ませんでした。それも、しかたありません。この年の春は雨続きで牧草がなかなか育たなかったせいか、搾乳量が足らず、平年ならいっぱいになるはずのカーヴにも、ほとんどチーズが残っていないような状態だったのです。

20年越しの約束を果たしに遠路はるばる来た客とはいえ、あいさつと記念撮影の時間をとるだけでも汗だくの様子。それでもさわやかな笑顔で一緒に写ってくれた彼の横顔は、銀行マンのイメージとは全く違う人でした。

上：アラン・ジョソーム。アトリエの前で
中：木製の枠の間を子山羊は自由に行き来します
下：夫人のソフィーと二人三脚です

RODOLPHE LE MEUNIER

プラトーを引き算の芸術で表現する熟成士 ロドルフ・ルムニエ

フランス人が「フランスの庭園」と自慢するトゥーレーヌ地方で、祖父は山羊の飼育者、父親はチーズ商。子どものころからチーズの手入れをしては熟成を見守ることを当たり前のようにしていたロドルフ・ルムニエ氏が彗星のごとく現れたのは2005年、リヨンで開催された「シラ国際見本市」のプラトーコンクールの舞台でした。

見事に優勝を勝ち取ったそのときのテーマが「ショパンとマチス」。シンプルでいて独創的。幼い時からチーズの手伝いのかたわらで親しんできたピアノ、絵画、彫刻、文学などそのすべてがチーズを魅力的に表現するための大切な要素だとロドルフは言います。

ここでフランス代表メンバーの権利を手に入れたロドルフは2007年1月、「インターナショナル・カゼウス・アワード」でフランスチームを優勝に導きます。ユニークなプラトーだけでなく、詩の朗読をナレーションがわりにするプレゼンテーションの趣向にも人々は舌を巻きました。続く3月には見事最高得点でMOFの仲間入りと、スター街道を駆け上っていくロドルフ。直接会いに行ったのはその年の6月のことでした。

味の芸術品を目指すアトリエ、そのイメージを曲にしたというピアノ演奏、さらに彼が日ごろイマジネーションを膨らませるシャトー散策など、1日を共に過ごしてみると、彼が凡人でないことは明らかでした。

翌年の2008年2月、日本から仲間を募って彼のアトリエで5日間の研修を受けたときは、チーズに触れるよりいろいろなものを見て想像力を鍛えることの大切さを学び、仕上げのプラトーからはどんどん引き算をすることを学んだのでした。

その後、フェルミエの23周年に招聘すると、なんと彼は23枚の皿を使ったディスプレイと即興のピアノ演奏をプレゼントしてくれたのです。息を呑むプラトーの美しさと彼の持つ独特の空気感は、予想どおり、一夜にして多くのファンを生みました。

皿の上に絵を描くようにプラトーをつくっていくロドルフ

できあがったロドルフの作品

2015年の「モンディアル・デュ・フロマージュ」で優勝したファビアン。このコンクールを創設し、大会委員長を務めるのはロドルフです

日本での人気を不動のものにすると、今度はアメリカ進出も果たし、夢あふれるロドルフは次々と顧客を開拓しています。忙しい彼ですがフェルミエは今、彼の故郷のチーズ、サント・モール・ド・トゥーレーヌを届けてもらっています。

ところでロドルフは地元トゥールでも活躍しています。市長の絶大な信頼を得て、フロマジェ（チーズ商）やチーズそのものの世界規模コンクール「モンディアル・デュ・フロマージュ」をスタートさせたのです。第１回目の２０１３年大会に続く２０１５年大会では、フェルミエに勤務するフランス人ファビアン・デグレが優勝しただけでなく、日本から出品されたチーズがいくつも賞を獲得しました。

２００５年のデビューから10年、世界のフロマジェを繋いだ彼の功績は大きいと思います。

Normandie

ノルマンディー 豊かな伝統チーズの故郷

フランスの牛乳生産量の４割を占め、乳製品にも定評のあるノルマンディー地方。なだらかな丘陵地は、湿度を含んだ風や穏やかな冬のおかげで１年を通じて緑で覆われ、牛たちは年中、良質の乳を出します。

ここが観光地として人気が高いのは、のどかな田園風景だけでなく、リゾート地や世界遺産を擁していたり、歴史のある町並みが残っていたりと、どこへ行っても豊かさを感じさせるからかもしれません。

そんな土地で生まれたチーズの灯を、次世代に継ぐために地道な努力を続ける会社と長い間お付き合いをしています。

- カマンベール・ド・ノルマンディー
- リヴァロ
- ポン・レヴェック
- ヌーシャテル

（●はこの章で触れているチーズ）

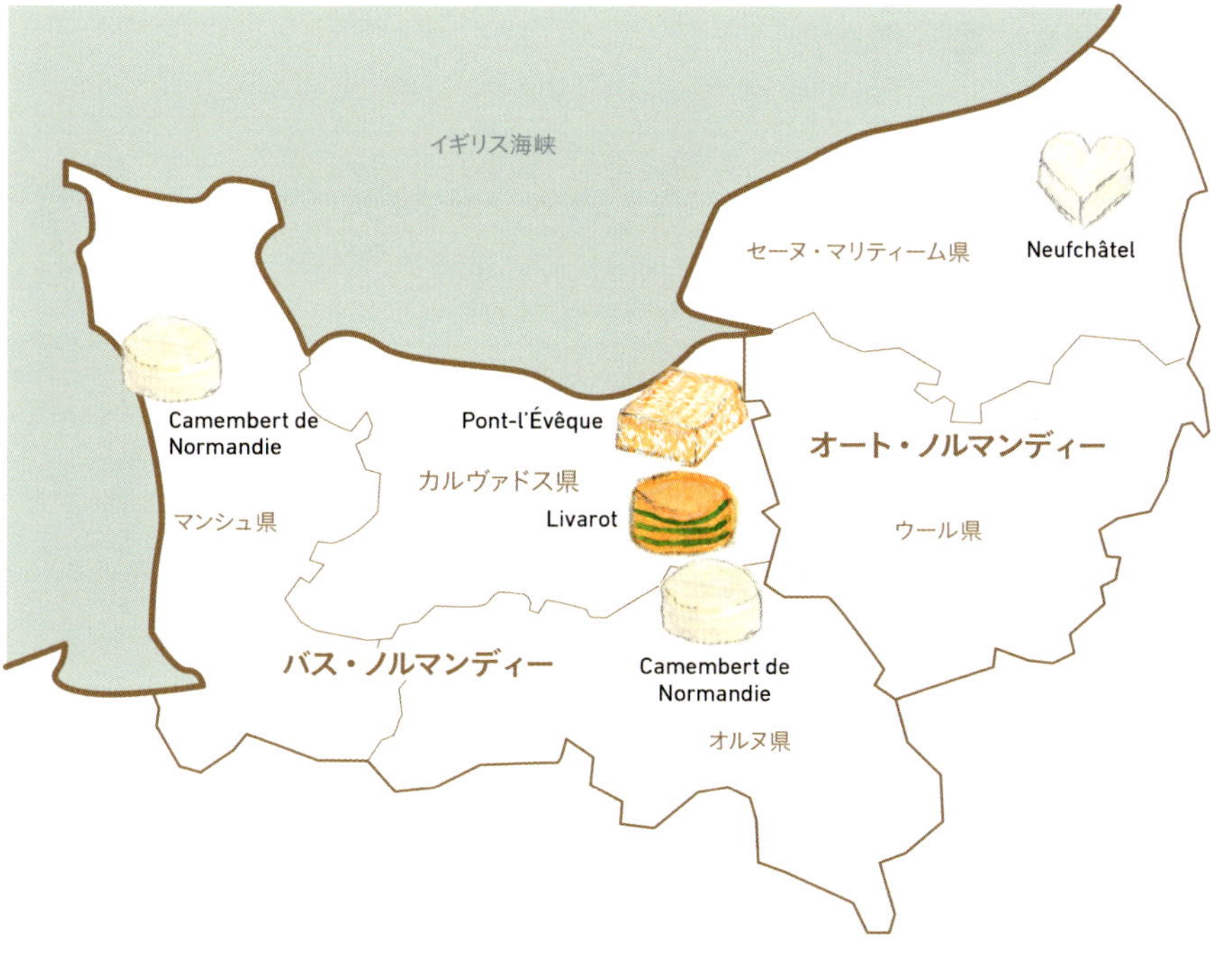

右：カマンベール村の入り口
左：カマンベールの生みの親マリー・アレルの像は、ヴィムーチェの町の広場に立っています。持っているのはカマンベール

カマンベールの30年、2つの大論争の末に

チーズといえば白カビのカマンベール。多くの人々がそうイメージするほどこのチーズは世界で愛され、私もこれまでたくさんのメーカーを見学してきました。

カマンベールというチーズは、約200年前、フランス革命の嵐の中、逃れてきた司祭から一農婦にすぎないマリー・アレルという女性が教えられて生まれたといわれています。その後の第1次世界大戦時中には、カマンベール製造業者たちは前線で戦う戦士の士気高揚のためにと大量のカマンベールを作って送り続けたといいますから、その味、その香りは当時、フランス人にとってすっかり懐かしい故郷の味になっていたのだと思われます。

カマンベールという名前は発祥の地、カマンベール村から名づけられましたが、あまりに世界にあふれてしまったため1983年、本家本元を明らかにしておくために名称と製法、品質を国が保証するAOCチーズに申請しました。以来、ノルマンディーの指定地域で、伝統的な製法を用いて作られたものに限り「カマンベール・ド・ノルマンディー」と名乗ることになりました。

さて、それから30年の間に、カマンベールの製造方法について、大きな論争が少な

くとも2回ありました。一つ目は1980年代、「カードをすくって型入れする作業は、人の手か、ロボットの手でも良いのか」という議論でした。生産量が増え、各工場でさかんに近代化が検討される中、人間の手でなくても良いという判決が下されたことは、人にやさしく、生産量も保証される結果となりました。

二つ目の議論は、「原料乳は、低温殺菌もしてはだめなのか、ミクロろ過処理も認めないのか」ということでした。この論争は2005年、大腸菌に汚染されたカマンベールが大量に市場から引き上げられたことに端を発します。結論は低温殺菌もろ過も認めない代わりに公的機関の検査を厳しくして、搾乳から消費者のもとに届けられるまでに約15回もの分析検査をクリアしなければならなくなりました。しかし、その費用は当然、チーズの価格にはね返ってきます。

「値段を安くして多くの人にカマンベールを楽しむ機会を与えたい。そうすれば生産量も伸び、それはすなわちノルマンディー地方の発展にもつながります」。

AOCカマンベール生産量の80%以上を占める大手メーカーと生産協同組合は、そのために原料乳が無殺菌乳でなければならないとするそれまでの規定を見直すべきだ、と主張していたのです。しかし2007年、専門家による調査委員会が出した結論はノー。これによって大手メーカーはいっせいにAOCの名称を返上したため「カマンベール・ド・ノルマンディー」と名乗るチーズは一気に減りました。このニュースはチーズ業界に大きな衝撃を与えました。

少数派になっても、伝統は継ぐ

Marc《マーク》 Brunet《ブリュネ》

大手が撤退しても伝統的な作り方を踏襲し続けたのは、中小の乳業会社や個人製造者たちでした。無殺菌乳にこだわる彼らは言います。

「自然の微生物を殺したくありません。乳は37度以上に加熱せず、カードはひしゃくを用いて手ですくいあげて型に入れます。こうすることでカードは必要以上に壊されず、風味に微妙な作用が生まれるのです」。

「リステリア菌や大腸菌の脅威に振り回されすぎて、本来生息すべき微生物がないがしろにされています。どんな食品も危険はゼロではありません。今の製造所はまるで病院のようです」。

そんな論争が続く中で、私が長くお付き合いさせていただいているのは「まじめを絵に描いたような」マーク・ブリュネ氏がディレクターを務めるレオ社です。マークと出会ったのは20年以上前。でもうまくコミュニケーションが取れるようになるまでには4、5年かかりました。言葉や頻度の問題もありますが、それ以上に、会ってもフランス人らしいハグやキスも交わさない彼は、私には心を開かないカタブツに見えました。しかし、それだけにレオ社が作るチーズは信じられもしました。

いつも訪ねるレオ社。中庭に面した壁には、騙し絵の手法で立体的な絵が美しい色彩で描かれています

左がディレクターのマーク・ブリュネ氏。穏やかで寡黙なカタブツ、まるで日本人のようなタイプです

レオ社ではカマンベールの熟成具合を4段階で表示し、顧客の好みで出荷します。日本は少し若い2番。ここではマークが選んでくれた熟成ピークのものにシードルをあわせていただきました

マークが率いるレオ社は、無殺菌乳を良しとする主張者の一人でした。国家財産ともいえるノルマンディーのカマンベールを、製法も含め次世代にきちんと伝承することを使命と考えているのです。ですが、この騒ぎが会社の売り上げに悪影響は及ぼさなかったのか、心配してたずねると
「大手がＡＯＣカマンベールの製造をやめたために本物志向の人たちがこっちに来て、結果、うちの生産量は増えましたよ」
とマーク。それまでの顧客もパリの有名チーズ専門店が多かったのですが、この一件以来、いっそう多くの専門店からの信用が寄せられたというのです。この話は、永年、カタブツを信じてきた私にとってもうれしい話でした。

小さなレオ社を支えるもの

レオ社は、１９３１年、ノルマンディー地方の中でも英仏海峡に面したマンシュ県のレセーという小さな村で生まれました。創業者はテオドール・レオ氏。近隣の農家から乳を集めてチーズを作っていましたが、当時はまだ馬車の時代。集乳量もチーズ生産量も少なく、１日の生産量は１２００個ほどだったそうです。

２０１２年、４回目の訪問で聞いた話では、契約農家が工場から20キロメートル圏内に63軒。マンシュ県は海洋性気候でほぼ一年中放牧が出来ますが、海からの潮風の影響で牧草には塩分が含まれているのが特徴です。

集めた乳は、一定時間タンクに入れておきます

このあたりの牛といえば、本来はノルマンディー牛です。しかし、戦後、乳量の多いホルスタイン牛に取って代わられていました。ところが約10年前から再びノルマンディー牛への切り替えが進められ、ＡＯＰ保護協会は２０１７年までに50％をノルマンディー牛にすることを義務付けました。

レオ社ではすでに75％の乳はノルマンディー牛なので、２０１７年までには１００％の体制を整えたいとマークはうれしそうに胸を張っていました。

工場では、リスク回避のため集めた乳を二つのラインに分けて製造を始めます。万が一のときも、被害を半分で防ぐためです。集めた乳はすぐには使わず、一定時間タンクに入れたままで乳酸発酵するのを待ちます。通常なら製造を開始するとき乳の酸度を整えるために外から乳酸菌を入れるのですが、伝統的製法のカマンベールは人間が注意深く温度を管理し、時間がかかっても乳自らが持っている微生物の働きで乳酸発酵させる、それこそが美味しさの大切なポイントとされているのです。だから、無殺菌にこだわる。これこそがＡＯＰの規定だったのに、実はこのときまで私はそこまでは思いが及んでいませんでした。これではなるほど、効率は悪いわけです。

固められた乳はカットされ、専用のひしゃくですくい上げてはカマンベールの型に詰められます。ずらりと並んだ膨大な数の型に一通り詰めたら、また最初から。これを手作業で約45分間隔で５回繰り返して１個分のカードが型に入るのですから、どんなに熟練した人でも１日１０６０個つくるのがやっと。この数を工場一面に広げ、何人もの人がかかって、全仏だけでなく世界を相手に生産しているのかと想像したら、気が遠くなりそうでした。

朝夕搾られる乳が毎日届き、タンクに入るため、こうして無殺菌乳の製法を続ける以上、工場は24時間365日稼動となります。80~90人という従業員も交代制の勤務となりますが、そこまでするからこそできる伝統の美味しさに、彼ら自身が誇りを持っていることは想像に難くありません。その証拠に、中には3世代にわたってここで働いている人もいるのです。

企業の買収劇も多い中、レオ社が、小さくても生き残ってきたのは、従業員の理解

上：カマンベールの型にカードを少しずつ、合計5回入れて1個分が完成。気が遠くなりそうな作業です
中：カビを吹き付けて、熟成を待ちます
下：包装して出荷

リヴァロ村の外れにある村役場。さらに外れのこの向こうに、グランドルジュの工場があります

はもとより、周囲の人たちの確固たる信頼だと思います。チーズを買う側の有力専門店もそうですし、契約農家に対しても少しでも高価格で乳を買おうと努力してくれることを永年付き合ってきた地元の農家は知っています。こうしてみんなに守られてきた会社は、信頼関係がある限り、どんな時代の荒波もきっと乗り越えていくのだろうと思います。

リヴァロを生き残らせる知恵

THIERRY《ティエリー》 GRAINDORGE《グランドルジュ》

ノルマンディー地方にある「チーズの道」という名所はご存じですか？　まず、英仏海峡に面した観光地ドーヴィルから南に向かって約13キロメートルのところにあるのがポン・レヴェック村。ここを始点として南に約39キロメートルのリヴァロ村、さらに南約15キロメートルのカマンベール村。これらの村をつなぐ道がノルマンディーの「チーズの道」です。チーズの世界に足を踏み入れたばかりのころ、フランスのこの伝統チーズ3種の名前が実はそれぞれ村の名前で、それが今もあると知ってワクワクしたものでした。

この3つのなかで最も古いとされているのが、13世紀以前から歴史をつなぐ、チーズの道の真ん中の村出身のリヴァロです。かつてはカマンベールを凌ぐほどの人気があったにもかかわらず、戦後、食べ手の好みも変わり、濃厚で個性の強い味のリヴァロを作る小さな工場は次々と消えていったといいます。とくに1980年代は大きく変化した時代でした。

しかし、そんな中でも、たくましく正統派リヴァロを作り続け、21世紀になっていっそう勢いを増している会社があります。発祥の地リヴァロ村で100年を超える歴史を刻むグランドルジュ社です。

グランドルジュ社は1910年創業。当時、農家はそれぞれが飼っている牛の乳で自家用にチーズを作っていましたが、そういった友人のチーズを預かって熟成・販売をするビジネスを思いついたのが初代グランドルジュ氏でした。

2代目は、戦後の1950年代、リヴァロを量産する工場を自社で建設し、さらに販路を拡大させることに成功します。そして3代目ティエリー・グランドルジュ氏にバトンを渡したのが1970年。一方で、重厚なソースが特長だったフランス料理に、健康志向で軽やかな味わいを良しとする新しい潮流が生まれたのがこのころでした。

80年代にティエリーは、リヴァロの伝統的な強い風味をマイルドな風味へと少しずつ舵を切っていきました。けれど、チーズとしては同じルーツではないかと言われている隣村のポン・レヴェックのほうが、なぜか人気では勝っていました。そこで彼は、それまでのリヴァロに加え、ポン・レヴェックの製造も手がけるようになるのです。

私が初めてこの地を訪れたのは1988年。当時、すでに同社はこの2種類のチーズを作っていることで知られた会社でした。社屋は、壁土と木組みが共存するノルマンディー特有の建築様式コロンバージュの建物。見るからに誠実そうなティエリーに案内された隣の工場では、いくつも手作業の残る素朴なチーズ作りが行われており、毎年のようにコンクールで優秀な成績を収めている裏舞台を見た思いでした。

新工場が火事。それでも復活したグランドルジュ社

ティエリーは、自分が生まれた土地の産物をプライドを持って作り、次の世代に健全に引き渡すことに真摯に向き合っている男性でした。１９９５年の5月、9月と訪問して見た小さなアトリエも、２００２年2月の訪問時には、ステップアップしてモダンな工場へと変身中。間もなく完成して今後は製造もコンピューターを駆使してオートメーション化すると話してくれました。

手作りはもう限界なのか。少しさびしくも思いましたが、こればかりは信じて付き合ってきたティエリーの判断にゆだねるしかありません。そう気持ちを切り替えられたのも、前夜に見た、夜の8時、9時でも社内会議を当たり前のようにしている彼の姿が印象的だったからです。それまでフランス人は日本人のように夜遅くまで残業はしないものだと思い込んでいたので、このグランドルジュ社の姿勢に信頼度は一気に高まったのです。

しかし、日本に戻って1年もたたないうちに、ショックなニュースが飛び込んでき

上：ティエリー・グランドルジュ氏。上が幌のこのトラックは、昔配達に使っていたもの
中：昔の姿を取り戻しつつあるリヴァロ
下：レーシュの水田の様子。まるで稲のよう
（写真：グランドルジュ社）

ました。やっと完成した工場が漏電で全焼したというのです。なんということでしょう。ティエリーの失意も相当のはずですが、契約農家では毎日、牛乳が搾られているという現実問題も気になります。しかし、ティエリーは即刻、「空き時間に工場を貸してほしい」と同業他社に協力を求めたそうです。本来なら競争相手のはずなのに、その会社は快諾してグランドルジュ社に工場を提供。いざというときこそ人の心は分かるものです。地元の誇りリヴァロの生産者同士の友情に、遠く日本で心温まる思いがしました。

　その後、ティエリーは再建に情熱を燃やし、２００４年、ついに新しい工場が完成。翌年には見学者を受け入れる設備も整えました。村のシンボルだったチーズ工場の復活劇は、人口２３００人という小さなリヴァロ村にとっても希望だったのではないか

グランドルジュ社の新社屋。かつてのコロンバージュの社屋は、看板やチーズパッケージに描かれています

同社の歴史を紹介する展示室

青のエリア

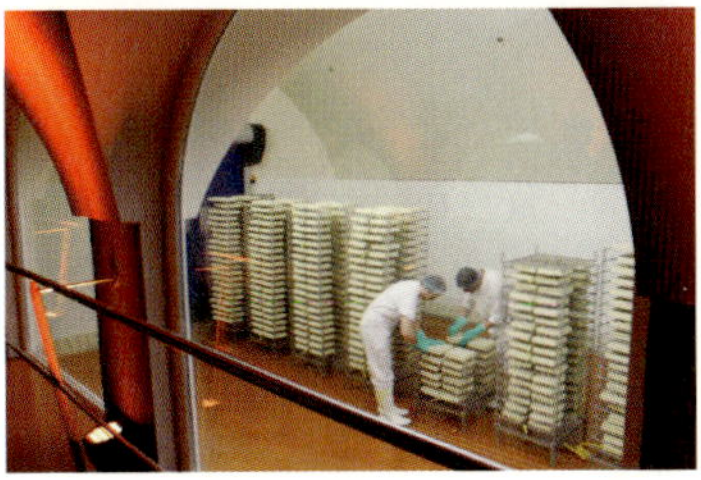

赤のエリア

レーシュは手で巻きます（写真：グランドルジュ社）

ティエリー社長の名代で対応してくれる
エルヴェ・フォルヌリさん

と思います。そもそも同社は雇用力がありましたし、生産したチーズは村の名前を冠して世界市場で奮闘している逸品です。ティエリー自身も地元の多くの人の信頼を集めていましたから、みんなが応援するのも無理からぬ話です。

人口２３００人の村に年間４万人を呼ぶ演出

２０１２年、村の期待を一身に浴びて復活した新社屋をやっと訪ねました。一般見学者はなんと年間４万人にも上るそうです。これだけ人を集められる工場見学なら村にも活気が生まれます。

見学コースのスタートは展示室。まずここで同社の歴史を見せ、大きなスクリーンで契約農家の人々や牛たちの姿を紹介するところから始まります。続いて工場へと入っていく通路はまるで宙に浮く空中都市のよう。左右のガラス越しの下方向に、製造の様子が見えるのです。通路の内装の色が、製造過程の検査、製造、熟成という流れにしたがって青から赤へと変わる趣向にも驚きましたが、最大の見せ場を、リヴァロの側面にレーシュという植物（葦と訳されますが、正式にはガマ）を巻く「実際の作業風景」に持ってきたのには大いに納得させられました。実はこの作業以外はほとんどオートメーションに切り替えたそうなのです。それゆえにリヴァロの最大の特徴にこそ、人の手をかけているところを印象付けたいというティエリーの演出なのです。

というのも、そもそもレーシュは大型で背の高いリヴァロの型崩れを防ぐために、

訪ねたときはちょうど昼休みでしたが、たっぷり準備されているレーシュを見ることができました

伝統的にチーズの側面に巻かれてきたものです。5周巻く、という約束事もありました。しかし、木箱が登場したり、小型サイズが支持されたりするようになった近年、取り扱いの面倒な自然素材のレーシュは、単なる飾りとしてオレンジ色の紙テープに取って代わられていたのです。

　でも、ティエリーはこの流れにあえて抗い、今はレーシュを育てる畑を増やすことにも力を注ぎ、手間がかかってもこれをリヴァロに巻くことにしたそうです。レーシュは環境にもやさしく、水辺を綺麗にしてくれ、小さな生き物たちのすみかにもなります。

　さらに発展しているグランドルジュ社は、見学コース以外に研究室やクッキングルーム、試食やセミナーのできる部屋も充実していました。伝統をきちんと守りながらも現代の嗜好にあわせたリヴァロを作ることを目指す同社は、いっそう食べ手により添った取り組みを進めていたのです。

　さらに聞くと、今ではリヴァロ以外にポン・レヴェック、カマンベール・ド・ノルマンディー、ヌーシャテルの3種類の地元伝統チーズも無殺菌乳で作り続けようと、これらを手作りしている小さな会社を買い取っているとのこと。次の世代に伝えるために、ティエリーの戦いはまだまだ続きそうです。

おわりに

フランスは、20世紀の二つの大戦を経て消滅しかかった農家製チーズを国で守ってきました。AOC制度も、各地で育まれてきたチーズのアイデンティティをしっかり守るために必要なことでした。

2000年にはチーズ商のMOFができ、チーズ商の世界大会も幾度も開催するフランスは、チーズだけでなく「チーズを扱う人々」の地位も大切にしていると感じます。

21世紀は、いつもチーズ伝統国の先端を走っているチーズ大国フランスに、追いつけ追い越せと、世界中のチーズ生産者がしのぎを削る時代になりました。

私が創業以来大事にしてきた「つくり手の見えるチーズ」は日本でも少しずつ増え、つくり手も増加の一途をたどっています。世界レベルの実力も証明されつつあります。日本にも〝チーズな人々〟は確実に生まれています。

ネットがあればなんでも検索できる現代ですが、ぬくもりがなくては美味しさは伝わりません。美味しいチーズの後ろには、いつも人がいることを忘れないでほしいと思います。

これまでに出会った一人ひとりを思うと、フランスだけでもこの1冊では紹介しきれず、機会を見て続編にチャレンジしたいと思います。
最後になりましたが、本作りで永年タッグを組んでいる松成容子さんと元フェルミエスタッフでデザインを担当してくれた椎橋文子さん、それにチーズのイラストを描いてくれた山岸みほろさんのおかげで素敵な本に仕上がりました。心から感謝します。

２０１６年　春　本間るみ子

著者プロフィール
本間るみ子（ほんまるみこ）

株式会社フェルミエ代表取締役社長
特定非営利活動法人チーズプロフェッショナル協会会長
フランス農事功労章受章者協会理事

1986年3月、ナチュラルチーズを専門的に扱う株式会社フェルミエ設立。フランス、イタリアを中心にチーズ伝統国を探訪しつつ、輸入、卸、販売を手がけるほか、国内外で講演活動を行うなど、チーズ普及のために幅広く活躍中。フランスより1999年農事勲章、2014年国家功労章シュヴァリエ章を受章。『チーズの悦楽十二カ月』(集英社新書)、『旬をおいしく楽しむチーズの事典』(ナツメ社)、『イタリアチーズの故郷を訪ねて』(旭屋出版) など著書多数。

チーズ伝統国のチーズな人々
フランスとチーズ交流30年

初版発行日　2016年6月1日

著者　本間《ほんま》るみ子
写真　本間るみ子、株式会社フェルミエ
企画・制作　有限会社たまご社
編集　松成容子
カバーデザイン　吉野晶子（Fast design office）
デザイン　椎橋文子（office C）
イラスト　山岸みほろ（チーズ）、椎橋文子（フランス地図）

発行者　早嶋茂
制作者　永瀬正人
発行所　株式会社旭屋出版
〒107-0052 東京都港区赤坂1-7-19 キャピタル赤坂ビル8階
電話：［販売］03-3560-9065　［編集］03-3560-9066
Fax：［販売］03-3560-9071
郵便振替：00150-1-19572
ホームページ：http://www.asahiya-jp.com

印刷・製本　大日本印刷株式会社

ISBN978-4-7511-1205-2 C2077